Guerras CRISPR

Cómo la edición genética revolucionará la guerra

Por Sean Rust
©2024. Todos los derechos reservados.

Tabla de Contenido

Introducción: El amanecer de una nueva era

1. Se revela el CRISPR
2. Aspiraciones militares e ingeniería genética
3. Mejorando al soldado humano
4. Dilemas éticos y morales
5. El panorama geopolítico
6. La ciencia de los supersoldados
7. Ventajas tácticas y realidades del campo de batalla
8. Percepción pública e influencia de los medios
9. Impactos culturales y sociales
10. Perspectivas futuras y especulaciones

Conclusión: preparándonos para una nueva frontera

Introducción.
El amanecer de una nueva era

La Dra. Emily Carter, reconocida genetista y profesora de una prestigiosa universidad estadounidense, había dedicado su vida al avance pacífico de la ciencia. Su investigación pionera en la tecnología CRISPR le había valido el reconocimiento internacional. Pero no sabía que esa misma experiencia la llevaría a participar en una operación militar encubierta que amenazaba con desmantelar todo aquello en lo que ella creía.

Una fría tarde de invierno, mientras la Dra. Carter terminaba su trabajo en el laboratorio, entró un grupo de hombres de rostro severo y uniformes militares. Al frente de ellos estaba el general Nathaniel Hayes, un oficial de alto rango conocido por su crueldad y brillantez estratégica. Sin preámbulos, le presentó un ultimátum: ayudar a los militares en un programa de modificación genética de alto secreto dirigido a los marines estadounidenses o enfrentarse a terribles consecuencias.

"Doctor Carter, su país lo necesita", dijo el general Hayes, con una voz desprovista de toda calidez. "Nos estamos preparando para una misión de máxima importancia. Usted debe mejorar a nuestros marines utilizando su tecnología CRISPR. Esto no es negociable".

El corazón del doctor Carter se aceleró. Las implicaciones éticas de un proyecto de ese tipo eran asombrosas. "General Hayes, mi investigación tiene como objetivo curar enfermedades, no convertir a los soldados en armas. No puedo..."

"Ahórreme los sermones, profesor", interrumpió Hayes. "Se trata de seguridad nacional. Tenemos información de inteligencia que sugiere que el presidente Putin está planeando un ataque catastrófico contra Estados Unidos. Debemos atacar primero y necesitamos todas las ventajas que podamos conseguir. Su trabajo garantizará el éxito de la misión".

La gravedad de la situación era evidente. La Dra. Carter no tuvo otra opción. Bajo una intensa vigilancia y una presión constante, fue trasladada a una base militar aislada, donde comenzó la angustiosa tarea de mejorar genéticamente a un grupo selecto de marines estadounidenses. Utilizando CRISPR, editó sus genes para aumentar la fuerza muscular, acelerar la curación y mejorar las funciones cognitivas. Cada día luchaba contra su conciencia, sabiendo que su trabajo podía conducir a una violencia sin precedentes.

A medida que las modificaciones surtieron efecto, los marines se convirtieron en guerreros formidables, con habilidades que superaban con creces las de cualquier humano normal. El general Hayes observó con satisfacción cómo sus planes para el ataque sorpresa a Moscú tomaban forma. El objetivo no era otro que el presidente Putin, el líder de Rusia y la amenaza percibida contra los Estados Unidos.

La noche anterior a la misión, la Dra. Carter se encontró sola en el laboratorio, reflexionando sobre el monstruoso poder que había ayudado a crear. Sabía que no había vuelta atrás, pero también sabía que ese poder no podía quedar sin control. En un momento de rebelión silenciosa, insertó un mecanismo de seguridad en las modificaciones genéticas: una secuencia oculta que podía activarse para revertir las mejoras.

Llegó el día de la misión. Los marines genéticamente mejorados, ahora una fuerza de élite, se embarcaron en su operación encubierta para infiltrarse en Moscú y neutralizar a Putin. Como se movían con una precisión y una fuerza inhumanas, el plan parecía infalible.

Pero el Dr. Carter había enviado una pista anónima a una organización internacional de vigilancia, revelando la operación encubierta. La organización alertó a los medios de comunicación mundiales y, en cuestión de horas, el mundo estaba observando cómo se desmoronaba la misión. La presión internacional y las intervenciones diplomáticas obligaron al gobierno de Estados Unidos a abortar la misión, evitando lo que podría haber sido una catastrófica escalada de hostilidades.

Después de los hechos, el Dr. Carter fue aclamado como un denunciante y un héroe por algunos, y como un traidor por otros. El gobierno desautorizó la misión y el general Hayes fue retirado discretamente. El incidente desencadenó un debate mundial sobre la *ética de la modificación genética en la guerra, lo que llevó a una regulación y supervisión más estrictas.*

La Dra. Carter regresó a su vida académica, cambiada para siempre por la experiencia. Continuó con su investigación, pero ahora con un enfoque renovado en asegurar que su trabajo nunca más se usara para causar daño. Su historia sirvió como advertencia sobre los peligros del poder sin control y las responsabilidades éticas de los científicos en una era de avances tecnológicos sin precedentes.

En un mundo en el que los avances tecnológicos se aceleran a un ritmo sin precedentes, el potencial de cambios revolucionarios en diversos campos es a la vez apasionante y abrumador. Uno de los avances más importantes de los últimos años es la aparición de la tecnología CRISPR, una herramienta que tiene el potencial de transformar no solo la medicina y la agricultura, sino también la naturaleza misma de la guerra.

CRISPR, acrónimo de Clustered Regularly Interspaced Short Palindromic Repeats (repeticiones palindrómicas cortas agrupadas y regularmente interespaciadas), es una revolucionaria tecnología de edición genética descubierta a principios de los años 90. Esta herramienta permite a los científicos realizar modificaciones precisas en el ADN, reescribiendo de manera efectiva el código genético de los organismos vivos. Las implicaciones de esta capacidad son amplias y variadas, y ofrecen la promesa de erradicar enfermedades genéticas, crear cultivos más resistentes e incluso alterar los rasgos físicos y cognitivos de los seres humanos.

El potencial de curar enfermedades genéticas, mejorar los rendimientos agrícolas y hacer avanzar el conocimiento científico ha situado a CRISPR a la vanguardia de la biotecnología moderna. Sin embargo, como sucede con cualquier herramienta poderosa, las aplicaciones de CRISPR se extienden más allá del ámbito de la medicina y la agricultura, y llegan a áreas que suscitan profundos debates éticos y sociales.

Entre las aplicaciones más controvertidas e impactantes se encuentra el uso de la tecnología CRISPR en el ámbito militar. La perspectiva de soldados genéticamente mejorados ha sido durante mucho tiempo un tema de ciencia ficción, pero los avances recientes han acercado esta idea a la realidad. Los investigadores y las agencias de defensa están explorando cada vez más cómo las modificaciones genéticas podrían proporcionar ventajas tácticas en la guerra. Estos avances plantean preguntas críticas sobre las implicaciones éticas y el potencial de mal uso, lo que hace eco de las preocupaciones históricas sobre la eugenesia y la búsqueda de la perfección humana.

Al considerar el potencial de CRISPR para revolucionar diversos aspectos de la vida humana, es crucial examinar sus implicaciones para la seguridad global y la estrategia militar. La intersección de la ingeniería genética y la tecnología militar presenta un panorama complejo, donde la promesa de capacidades mejoradas debe sopesarse frente a los riesgos de consecuencias no deseadas y dilemas éticos. Para comprender el alcance total del impacto de CRISPR es necesario explorar en profundidad sus posibles aplicaciones en el contexto de la defensa y la guerra.

Las aplicaciones militares de CRISPR son particularmente significativas. En la búsqueda de soldados mejorados, CRISPR ofrece la posibilidad de crear individuos con una fuerza física superior, mayor resistencia y capacidades de curación acelerada. Imaginemos un futuro en el que los soldados puedan operar en entornos extremos sin sucumbir a la fatiga o las lesiones, donde sus funciones cognitivas estén mejoradas para tomar decisiones en fracciones de segundo con una precisión sin precedentes. Estas mejoras podrían dar a los militares una ventaja estratégica en el campo de batalla, reconfigurando la dinámica del poder global.

El impacto potencial de CRISPR en la guerra se extiende más allá de las mejoras individuales. La tecnología podría utilizarse para desarrollar armas biológicas dirigidas a rasgos genéticos específicos, lo que daría lugar a una nueva era de la guerra biológica. Estas armas podrían diseñarse para incapacitar o eliminar a las fuerzas enemigas sin dañar a los aliados, una perspectiva que plantea importantes preocupaciones éticas y de seguridad.

En este momento en que nos encontramos al borde de esta nueva frontera, es fundamental considerar las implicaciones más amplias de la tecnología CRISPR. Si bien los beneficios potenciales son inmensos, los riesgos y los dilemas éticos son igualmente profundos. La perspectiva de soldados modificados genéticamente y la utilización de la tecnología genética como arma plantean desafíos que requieren una consideración cuidadosa y marcos regulatorios sólidos.

El rápido avance de la tecnología CRISPR ha desencadenado una revolución en la edición genética, que ha traído esperanza e incertidumbre a la vez. A medida que esta tecnología evoluciona, tiene el potencial de curar enfermedades genéticas y mejorar las capacidades humanas de maneras que antes eran inimaginables. Sin embargo, la misma tecnología que tanto promete también plantea profundas cuestiones éticas y sociales. En un mundo en el que la edición genética se vuelve algo común, ¿qué significa ser humano? ¿Hasta dónde debemos llegar en la alteración de nuestra composición genética y quién decide qué cambios son aceptables?

El objetivo de este libro es explorar estas cuestiones críticas ahondando en la intersección de la tecnología CRISPR y sus posibles aplicaciones militares. Al examinar los fundamentos científicos, los dilemas éticos y las implicaciones geopolíticas, pretendemos ofrecer una comprensión integral de cómo la edición genética podría transformar el futuro de la guerra y de la sociedad en general.

Nuestro viaje comienza desentrañando las complejidades de la tecnología CRISPR y sus capacidades. Luego investigaremos cómo los ejércitos de todo el mundo están explorando mejoras genéticas para crear supersoldados, capaces de hazañas extraordinarias. Estos avances no están exentos de controversia, ya que desafían nuestras nociones tradicionales de ética y derechos humanos.

Además, este libro pretende arrojar luz sobre el impacto social más amplio de la edición genética. A medida que analizamos los posibles beneficios y riesgos, queda claro que la búsqueda de la perfección genética está plagada de peligros. La historia de la eugenesia sirve como un duro recordatorio de los peligros asociados con los intentos de crear una población "perfecta". Debemos tener en cuenta las lecciones del pasado a medida que avanzamos en este territorio inexplorado.

Además de las consideraciones éticas, el panorama geopolítico está a punto de experimentar cambios significativos. Las naciones pueden entrar en una nueva carrera armamentista, no con armas nucleares, sino con soldados genéticamente mejorados. Las implicaciones para la estabilidad y la seguridad mundiales son profundas y exigen un examen exhaustivo de las leyes internacionales vigentes y la necesidad de nuevos marcos regulatorios.

En definitiva, este libro pretende fomentar un diálogo informado y reflexivo sobre el futuro de la edición genética en el contexto militar. Al presentar una visión equilibrada de las posibilidades y los desafíos, esperamos que los lectores se comprometan a considerar la compleja interacción entre ciencia, ética y política. El objetivo no es proporcionar respuestas definitivas, sino fomentar el pensamiento crítico y el debate sobre uno de los avances tecnológicos más significativos de nuestro tiempo.

A medida que nos embarcamos en esta exploración, es esencial mantener un tono inquisitivo pero serio. El potencial de la tecnología CRISPR para transformar nuestro mundo es inmenso, pero también lo son los riesgos. Si comprendemos tanto la ciencia como las implicaciones más amplias, podemos prepararnos mejor para el futuro y tomar decisiones informadas sobre el papel de la edición genética en nuestra sociedad.

CAPÍTULO 1.
SE REVELA EL CRISPR

En un pasado no tan lejano, la idea de editar la estructura misma de nuestro código genético parecía una noción reservada al ámbito de la ciencia ficción. Sin embargo, hoy en día esta idea se ha convertido en una realidad revolucionaria, en gran medida gracias al descubrimiento de la tecnología CRISPR. El recorrido de CRISPR desde una curiosa observación en genomas bacterianos hasta convertirse en una herramienta revolucionaria para la ingeniería genética es una fascinante historia de ingenio científico y perseverancia.

La historia de CRISPR comienza a finales de los años 1980 y principios de los años 1990, cuando un genetista relativamente desconocido llamado Francisco Mojica, que trabajaba en la Universidad de Alicante (España), se topó con una secuencia de ADN repetitiva inusual en los genomas de las arqueas. Estas secuencias, más tarde denominadas "repeticiones palindrómicas cortas agrupadas y regularmente interespaciadas" (CRISPR), fueron inicialmente un misterio. Mojica observó que estas secuencias repetitivas estaban intercaladas con segmentos únicos de ADN, pero su función seguía siendo esquiva.

No fue hasta mediados de la década de 2000 que empezó a surgir una imagen más clara. Los investigadores descubrieron que estas secuencias únicas de ADN eran en realidad fragmentos de ADN viral, integrados en el genoma bacteriano como una forma de defensa inmunitaria. Cuando una bacteria era atacada por un virus, podía transcribir estas secuencias en ARN, que guiaría a las proteínas Cas (asociadas a CRISPR) para que cortaran el ADN viral, neutralizando así la amenaza. Este sistema inmunitario adaptativo permitía a las bacterias "recordar" infecciones pasadas y defenderse de ataques futuros con mayor eficacia.

El potencial de este mecanismo de defensa bacteriano para ser reutilizado como herramienta de edición genética fue reconocido por primera vez por un equipo dirigido por Jennifer Doudna, de la Universidad de California, Berkeley, y Emmanuelle Charpentier, de la Universidad de Umeå, en Suecia. En 2012, publicaron un artículo seminal que describía cómo el sistema CRISPR-Cas9 podría ser diseñado para cortar ADN en lugares precisos, guiado por una secuencia de ARN personalizada. Este avance demostró que CRISPR-Cas9 podría usarse no solo en bacterias, sino en cualquier organismo, transformando efectivamente la ingeniería genética.

Este descubrimiento desencadenó una oleada de investigaciones y desarrollos en todo el mundo. Los científicos se dieron cuenta rápidamente de que CRISPR-Cas9 podía utilizarse para editar genes con una precisión y una eficiencia sin precedentes, lo que ofrecería posibles curas para enfermedades genéticas, mejoras en los cultivos agrícolas e incluso aplicaciones en biología sintética. Las implicaciones eran enormes y la comunidad científica se apresuró a explorar las posibilidades.

Una de las primeras aplicaciones más notables de la tecnología CRISPR fue en el campo de la medicina. Los investigadores comenzaron a utilizar CRISPR para corregir mutaciones genéticas que causan enfermedades como la fibrosis quística, la distrofia muscular y la anemia de células falciformes.

En 2015, los científicos utilizaron con éxito CRISPR para reparar un defecto genético en embriones humanos que causa un trastorno sanguíneo potencialmente mortal, lo que marcó un hito significativo en el camino hacia la terapia génica humana. Este avance se produjo en la Universidad Sun Yat-sen en China, donde un equipo dirigido por Junjiu Huang se centró en el gen HBB responsable de la beta-talasemia, un trastorno sanguíneo grave. Al cortar con precisión la parte defectuosa del gen y reemplazarla con una secuencia sana, los investigadores demostraron el potencial de CRISPR para corregir trastornos genéticos hereditarios en la etapa embrionaria.

Este experimento fue pionero por varias razones. En primer lugar, demostró que CRISPR podía utilizarse para editar la línea germinal humana, lo que significa que los cambios serían hereditarios y se transmitirían a las generaciones futuras. Esto abrió la posibilidad de erradicar enfermedades genéticas de líneas familiares enteras. En segundo lugar, el éxito de este procedimiento subrayó la precisión y la eficacia de CRISPR en comparación con las técnicas de edición genética más antiguas, que eran menos precisas y más propensas a efectos no deseados.

Sin embargo, este logro también desencadenó intensos debates éticos. La capacidad de editar embriones humanos planteó inquietudes sobre la posibilidad de crear "bebés de diseño", en los que se podrían realizar modificaciones genéticas por razones no médicas, como mejorar la apariencia física o la inteligencia. Las implicaciones éticas de la edición de la línea germinal dieron lugar a demandas de normas y directrices estrictas para garantizar que esta poderosa tecnología se utilice de forma responsable. A pesar de estas controversias, el experimento de 2015 sigue siendo un hito en el campo de la ingeniería genética, que ilustra tanto el profundo potencial como los importantes desafíos de CRISPR en la terapia génica humana.

A pesar de estas preocupaciones éticas, la investigación sobre CRISPR siguió cobrando impulso. La tecnología se aplicó pronto en la agricultura, donde se utilizó para crear cultivos con perfiles nutricionales mejorados, resistencia a plagas y enfermedades y mayor rendimiento. Por ejemplo, los científicos utilizaron con éxito CRISPR para desarrollar variedades de arroz resistentes al tizón bacteriano, una enfermedad devastadora que puede reducir significativamente el rendimiento de los cultivos. Al dirigirse con precisión a los genes que hacen que las plantas de arroz sean susceptibles a la enfermedad y editarlos, los investigadores crearon cepas que podrían prosperar sin necesidad de tratamientos químicos nocivos.

Otra aplicación importante en la agricultura fue el uso de CRISPR para mejorar el contenido nutricional de los cultivos. En 2016, los investigadores utilizaron CRISPR para mejorar los niveles de provitamina A en los plátanos, con el objetivo de abordar la deficiencia de vitamina A, que es un importante problema de salud en muchos países en desarrollo. Esta iniciativa de biofortificación no solo promete mejorar la salud pública, sino que también demuestra el potencial de CRISPR para hacer que los alimentos básicos sean más nutritivos.

La tecnología CRISPR también se ha utilizado en el campo de la ciencia medioambiental, donde se ha utilizado para desarrollar organismos modificados genéticamente capaces de descomponer contaminantes y combatir la propagación de especies invasoras. Por ejemplo, los científicos han diseñado bacterias para degradar los residuos plásticos de forma más eficiente. Estas bacterias pueden descomponer el tereftalato de polietileno (PET), un plástico común que se utiliza en botellas y envases, en sus monómeros constituyentes, que luego pueden reciclarse para fabricar nuevos productos plásticos. Esta innovación representa un paso importante para abordar la crisis mundial de contaminación por plástico.

En otro proyecto pionero, se empleó CRISPR para abordar el problema de las especies invasoras, como el mosquito Aedes aegypti, responsable de la propagación de enfermedades como el dengue, el virus del Zika y el chikungunya. Al utilizar CRISPR para modificar los genes de estos mosquitos, los investigadores han desarrollado estrategias para reducir sus poblaciones. Una de ellas consiste en crear mosquitos modificados genéticamente que produzcan crías no viables, lo que reduce de manera efectiva el número de mosquitos capaces de transmitir estas enfermedades.

Estos ejemplos ilustran el amplio potencial de la tecnología CRISPR más allá de la salud humana, y ponen de relieve su impacto transformador en la agricultura y la ciencia medioambiental. A medida que CRISPR siga evolucionando, es probable que sus aplicaciones se amplíen aún más, ofreciendo soluciones innovadoras a algunos de los problemas más urgentes del mundo y, al mismo tiempo, suscitando debates en curso sobre las implicaciones éticas de una tecnología tan poderosa.

Para apreciar verdaderamente el potencial y las complejidades de CRISPR, es importante comprender sus orígenes y su función natural. La historia de CRISPR comienza con las bacterias. En la naturaleza, las bacterias utilizan CRISPR como mecanismo de defensa contra los virus. Cuando un virus ataca a una bacteria, esta captura fragmentos del ADN del virus y los inserta en su propio genoma siguiendo un patrón específico conocido como CRISPR. Estas secuencias actúan entonces como un banco de memoria genética, lo que permite a la bacteria reconocer al virus y defenderse de él en futuros encuentros.

El elemento central del sistema CRISPR es la proteína Cas9, a menudo descrita como una tijera molecular. Cas9 puede cortar el ADN en un lugar preciso, guiada por un fragmento de ARN llamado ARN guía (gRNA). Este gRNA está diseñado para coincidir con la secuencia de ADN específica que se necesita editar. Cuando Cas9 y gRNA se introducen en una célula, buscan la secuencia de ADN coincidente en el genoma de la célula. Al encontrar el objetivo, Cas9 realiza un corte en el ADN, rompiendo efectivamente la hélice bicatenaria.

Lo que sucede a continuación depende de los mecanismos naturales de reparación de la célula. La célula puede intentar reparar la rotura uniendo los extremos cortados, lo que suele introducir pequeños errores que alteran el gen, o bien utilizando una plantilla proporcionada para reparar la rotura con precisión, lo que permite realizar modificaciones genéticas precisas. Esta capacidad de cortar el ADN en sitios específicos y luego alterar los genes o insertar nuevas secuencias es lo que convierte a CRISPR en una herramienta tan versátil y potente.

Para aprovechar todo el potencial de CRISPR, es esencial comprender la elegancia de su simplicidad. A diferencia de los métodos de edición genética más antiguos, que consumían mucho tiempo y eran imprecisos, CRISPR ofrece un nivel de precisión y eficiencia que antes no se podía alcanzar. Esta tecnología permite editar genes con una precisión sin precedentes, lo que permite corregir defectos genéticos, estudiar las funciones de los genes e incluso mejorar los cultivos agrícolas.

El proceso de edición de genes mediante CRISPR se puede dividir en varios pasos clave. El diseño del ARN guía es el primer paso crucial en el proceso de edición de genes mediante CRISPR. Este paso implica la creación de una secuencia corta de ARN, conocida como ARN guía (gRNA), que está diseñada específicamente para coincidir con la secuencia de ADN que se necesita editar. El ARN guía se compone de dos partes principales: una secuencia de andamiaje que se une a la enzima Cas9 y una secuencia espaciadora que es complementaria a la región de ADN objetivo.

Para garantizar la precisión, la secuencia espaciadora del ARN guía debe ser única y muy específica para el gen objetivo. Esta especificidad es vital porque garantiza que el sistema CRISPR-Cas9 solo se unirá a la secuencia de ADN deseada y la cortará, lo que minimiza el riesgo de efectos no deseados que podrían alterar otros genes y causar consecuencias no deseadas. Las herramientas y bases de datos bioinformáticas se utilizan a menudo para diseñar y validar estos ARN guía, lo que permite a los investigadores seleccionar las secuencias más eficaces y precisas para sus experimentos.

Una vez que se diseña y sintetiza el ARN guía, se puede combinar con la enzima Cas9. Este complejo actúa como un GPS molecular, guiando a la enzima Cas9 hacia la ubicación exacta en el genoma donde se realizará el corte de ADN. La precisión del ARN guía es lo que hace que CRISPR-Cas9 sea una herramienta tan potente y versátil para la edición genética, permitiendo a los científicos modificar genes con una precisión y eficiencia sin precedentes.

El siguiente paso en el proceso de edición genética mediante CRISPR es introducir la proteína Cas9 y el ARN guía (ARNg) en la célula diana. Esta entrega precisa es crucial para el éxito de la operación de edición genética.

Por lo general, se utiliza un vector para transportar estos componentes a la célula. Los vectores son vehículos que pueden llevar material genético extraño a otra célula. Un tipo común de vector utilizado para la administración mediante CRISPR es un virus, que ha sido diseñado para que no sea patógeno y pueda administrar de manera eficiente la proteína Cas9 y el ARNm genómico al núcleo de la célula. Los virus son expertos en ingresar a las células e integrar su material genético en el genoma del huésped, lo que los convierte en herramientas efectivas para la administración mediante CRISPR.

Además de los vectores virales, existen otros métodos para introducir componentes CRISPR en las células. Las nanopartículas lipídicas, por ejemplo, son otro método de administración en el que los componentes CRISPR se encierran en portadores basados en lípidos que pueden fusionarse con las membranas celulares y liberar su carga dentro de la célula. La electroporación es otra técnica que implica la aplicación de un campo eléctrico a las células para aumentar la permeabilidad de la membrana celular, lo que permite la entrada de la proteína Cas9 y el ARNm.

Una vez dentro de la célula, el vector se dirige al núcleo, donde se encuentra el ADN de la célula. La proteína Cas9, guiada por el ARNm, localiza entonces la secuencia de ADN específica que necesita ser editada. La precisión con la que el complejo Cas9-ARNm identifica la secuencia objetivo es una de las características que definen la tecnología CRISPR, ya que permite una edición genética sumamente precisa y eficiente.

La introducción eficaz y segura de estos componentes en la célula es fundamental para el éxito de la edición genética mediante CRISPR, ya sea para corregir defectos genéticos, estudiar las funciones de los genes o desarrollar organismos modificados genéticamente. Cada método de administración tiene sus ventajas y desafíos, y la elección del método depende de factores como el tipo de célula, la eficiencia requerida y la aplicación específica del proceso de edición genética.

Cuando CRISPR-Cas9 crea una rotura en el ADN, se activan los mecanismos naturales de reparación de la célula para reparar el daño. Si el objetivo es inhabilitar el gen, la célula emplea un proceso de reparación llamado unión de extremos no homólogos (NHEJ). Este proceso intenta volver a unir los extremos cortados de la cadena de ADN. Sin embargo, la NHEJ es propensa a errores y a menudo introduce pequeñas inserciones o deleciones en el sitio de la rotura, que pueden alterar la función del gen y deshabilitarlo de manera efectiva.

Por otra parte, si el objetivo es insertar una nueva secuencia de ADN, se utiliza un proceso de reparación diferente, denominado reparación dirigida por homología (HDR). En este caso, los científicos proporcionan a la célula una plantilla que contiene la secuencia de ADN deseada flanqueada por regiones homólogas a las secuencias a ambos lados de la rotura. La célula utiliza esta plantilla como guía para reparar con precisión la rotura, incorporando la nueva secuencia a su genoma en el proceso. Esto permite realizar modificaciones genéticas precisas, como corregir una mutación o insertar un nuevo gen.

Estos mecanismos de reparación naturales son esenciales para la funcionalidad de CRISPR-Cas9 como herramienta de edición genética, permitiendo a los científicos eliminar genes para estudiar su función o introducir cambios genéticos específicos para investigar sus efectos o desarrollar intervenciones terapéuticas.

La precisión y flexibilidad de CRISPR han abierto un mundo de posibilidades para la investigación y la terapia genética. Sin embargo, es importante señalar que la tecnología aún se encuentra en sus primeras etapas y que hay muchos desafíos que superar. Cuestiones como los efectos no deseados, cuando CRISPR realiza cortes no deseados en el genoma, y las preocupaciones éticas sobre las modificaciones genéticas, en particular en humanos, son áreas de investigación y debate activos.

El descubrimiento de la tecnología CRISPR ha revolucionado el campo de la ingeniería genética, ofreciendo una precisión y versatilidad sin precedentes. Este avance ha allanado el camino para numerosas aplicaciones en diversos campos, cada una de las cuales demuestra el potencial transformador de esta herramienta genética. A continuación, se presentan más ejemplos del efecto de CRISPR en nuestro mundo actual.

Una de las aplicaciones más importantes de CRISPR se encuentra en el campo de la medicina. La capacidad de CRISPR para dirigirse a genes específicos y editarlos ha abierto nuevas posibilidades para el tratamiento de trastornos genéticos. Por ejemplo, los investigadores han utilizado con éxito CRISPR para corregir mutaciones responsables de enfermedades como la fibrosis quística y la anemia de células falciformes en entornos de laboratorio. En la fibrosis quística, una enfermedad causada por mutaciones en el gen CFTR, CRISPR se ha empleado para reparar el gen defectuoso en células derivadas del paciente, demostrando el potencial para restaurar la función normal. De manera similar, en la anemia de células falciformes, que resulta de una única mutación en el gen HBB, CRISPR se ha utilizado para corregir la mutación en células madre hematopoyéticas, allanando el camino para la producción de glóbulos rojos sanos.

En 2020, un ensayo clínico pionero mostró resultados prometedores en el tratamiento de la anemia falciforme y la beta-talasemia utilizando células madre editadas mediante CRISPR. En este ensayo, dirigido por investigadores de la empresa Vertex Pharmaceuticals y CRISPR Therapeutics, con sede en Boston, los pacientes con estos trastornos sanguíneos debilitantes recibieron una infusión de sus propias células madre que habían sido editadas genéticamente mediante CRISPR para producir hemoglobina fetal, una forma de hemoglobina que no se ve afectada por las mutaciones que causan sus enfermedades. Este enfoque alivió eficazmente los síntomas y redujo la necesidad de transfusiones de sangre periódicas.

El ensayo consistió en extraer células madre hematopoyéticas de la médula ósea de los pacientes, editarlas en el laboratorio para reactivar la producción de hemoglobina fetal y luego reinfundir las células editadas en los pacientes. Esto no solo demostró el potencial de CRISPR para tratar trastornos sanguíneos genéticos, sino que también marcó un hito importante en la aplicación de la edición genética en entornos clínicos. El éxito de este ensayo ha estimulado más investigación y desarrollo, con la esperanza de ampliar las terapias basadas en CRISPR a una gama más amplia de enfermedades genéticas.

Además, se está estudiando la posibilidad de utilizar CRISPR como herramienta para combatir las infecciones virales, una frontera que podría revolucionar el tratamiento de las enfermedades crónicas. Los científicos han demostrado la capacidad de CRISPR para atacar y deshabilitar el ADN viral dentro de las células humanas, lo que ofrece un enfoque novedoso y potencialmente curativo para enfermedades que durante mucho tiempo han eludido tratamientos efectivos. Por ejemplo, la investigación ha demostrado ser prometedora en el uso de CRISPR para extirpar el ADN del VIH de las células infectadas, deteniendo efectivamente la replicación del virus y proporcionando una vía potencial para erradicar la infección del cuerpo. De manera similar, los estudios han indicado que CRISPR puede atacar y deshabilitar el ADN del virus de la hepatitis B (VHB) en las células del hígado, lo que podría curar una enfermedad que afecta a cientos de millones de personas en todo el mundo.

El método implica el diseño de sistemas CRISPR-Cas9 que pueden localizar y cortar con precisión las secuencias de ADN viral integradas en el genoma del huésped. En el caso del VIH, esto significa identificar y cortar el ADN proviral incrustado en las células humanas, impidiendo así que el virus se apropie de la maquinaria celular para producir nuevas partículas virales. Los primeros estudios han demostrado esto con éxito en entornos de laboratorio, donde se ha utilizado CRISPR para eliminar el ADN del VIH de los genomas de las células infectadas, lo que reduce significativamente la carga viral y la replicación.

De manera similar, la investigación sobre la hepatitis B se ha centrado en el uso de CRISPR para atacar el ADN circular cerrado covalentemente (ADNccc), una forma estable de ADN viral que reside en el núcleo de las células hepáticas infectadas. Este ADNccc sirve como plantilla para producir nuevas partículas virales, y su persistencia es un desafío importante para curar el VHB. La capacidad de CRISPR para alterar el ADNccc ha demostrado potencial en modelos preclínicos, allanando el camino para nuevas estrategias terapéuticas que podrían eliminar el virus del hígado y potencialmente curar la infección.

Estos avances ponen de relieve el amplio potencial terapéutico de CRISPR para abordar algunos de los problemas médicos más persistentes. Sin embargo, el enfoque aún se encuentra en etapas experimentales y enfrenta obstáculos importantes antes de que pueda adoptarse ampliamente en la práctica clínica. Los desafíos incluyen garantizar la especificidad y la eficiencia de los sistemas CRISPR para evitar efectos no deseados que podrían causar alteraciones genéticas no deseadas. Además, es necesario desarrollar mecanismos de administración eficaces para transportar los componentes CRISPR a las células y tejidos precisos afectados por el virus.

Las consideraciones éticas y regulatorias también desempeñan un papel fundamental en el desarrollo y la implementación de terapias basadas en CRISPR. A medida que la tecnología avanza, es esencial establecer estándares rigurosos para su uso, asegurando que los tratamientos sean seguros, efectivos y éticamente sólidos. El potencial de efectos no deseados y consecuencias no deseadas debe evaluarse exhaustivamente a través de ensayos clínicos extensos antes de que CRISPR pueda convertirse en una opción convencional para tratar infecciones virales.

A pesar de estos desafíos, los avances logrados hasta ahora ponen de relieve el potencial transformador de CRISPR. A medida que la investigación continúa avanzando, existe la esperanza de que CRISPR pueda algún día proporcionar curas para enfermedades que han plagado a la humanidad durante décadas, si no siglos. La exploración en curso de CRISPR para combatir las infecciones virales representa un faro de innovación, que promete nuevas vías para la ciencia médica y el potencial de mejorar las vidas de millones de personas en todo el mundo.

En la agricultura, la tecnología CRISPR se está aprovechando para mejorar la resiliencia, el rendimiento y el valor nutricional de los cultivos. Al editar los genomas de las plantas, los científicos están desarrollando cultivos que pueden soportar condiciones ambientales adversas, resistir plagas y reducir la necesidad de pesticidas químicos. Por ejemplo, los investigadores han utilizado CRISPR para crear variedades de arroz que son más resistentes al tizón bacteriano, una amenaza importante para la producción de arroz en todo el mundo. El tizón bacteriano puede causar graves pérdidas de rendimiento y los métodos tradicionales de control a menudo implican el uso extensivo de productos químicos. Las plantas de arroz editadas con CRISPR han sido diseñadas para portar una mutación en la familia de genes SWEET, que las vuelve menos susceptibles al patógeno, reduciendo así la dependencia de los tratamientos químicos y aumentando la productividad general del cultivo.

Además de la resistencia a las enfermedades, CRISPR se está utilizando para desarrollar cultivos que puedan tolerar condiciones climáticas extremas. Esto es cada vez más crucial a medida que el cambio climático hace que los patrones climáticos sean más impredecibles y severos. Por ejemplo, los científicos han modificado con éxito el genoma del trigo para mejorar su tolerancia a la sequía y al calor. Estas modificaciones son esenciales porque el trigo es un cultivo alimentario básico a nivel mundial y la estabilidad de su rendimiento es vital para la seguridad alimentaria.

Para lograrlo, los investigadores se centran en genes específicos que intervienen en las vías de respuesta de la planta al estrés. Un ejemplo notable es la modificación de los genes que regulan el cierre de los estomas y la retención de agua. Al mejorar estas características, los científicos han desarrollado variedades de trigo que pueden conservar el agua de forma más eficiente durante las condiciones de sequía, manteniendo así su crecimiento y productividad.

Otro enfoque consiste en alterar la expresión de genes relacionados con las proteínas de choque térmico (HSP), que ayudan a proteger las células vegetales de los efectos dañinos de las altas temperaturas. La expresión mejorada de estas proteínas permite que las plantas de trigo sobrevivan mejor y sigan produciendo grano durante períodos de calor extremo. Esta modificación genética garantiza que los procesos metabólicos de las plantas se mantengan estables, lo que reduce el riesgo de daños inducidos por el calor y la pérdida de rendimiento.

Además, los investigadores se han centrado en los genes responsables del crecimiento y desarrollo de las raíces. Al promover sistemas radiculares más profundos y robustos, las plantas de trigo modificadas pueden acceder al agua y los nutrientes de las capas más profundas del suelo, lo que proporciona una protección contra la sequía superficial. Esta adaptación no solo ayuda a las plantas a sobrevivir en condiciones secas, sino que también mejora la salud del suelo al prevenir la erosión y mantener la estructura del suelo.

Estos avances en la ingeniería genética de cultivos no se limitan al trigo. Se están aplicando técnicas similares a otros cultivos esenciales como el arroz, el maíz y la soja. Por ejemplo, se ha utilizado CRISPR para desarrollar variedades de arroz con una mayor tolerancia a la sal, lo que les permite prosperar en suelos salinos donde las cepas de arroz tradicionales no podrían hacerlo. Esto es particularmente importante para las regiones donde el aumento del nivel del mar y la salinización del suelo amenazan la productividad agrícola.

El uso de CRISPR para mejorar la resiliencia de los cultivos a condiciones climáticas extremas demuestra el potencial de la tecnología para abordar algunos de los desafíos más urgentes de la agricultura actual. Al garantizar que los cultivos puedan soportar las tensiones impuestas por el cambio climático, los científicos están trabajando para salvaguardar los suministros de alimentos y apoyar los medios de vida de los agricultores de todo el mundo. A medida que avanza la investigación, la integración de la tecnología CRISPR en la agricultura promete contribuir significativamente a la seguridad alimentaria mundial y a las prácticas agrícolas sostenibles.

La tecnología CRISPR también se está utilizando para mejorar el contenido nutricional de los cultivos. Un ejemplo notable es la biofortificación de los tomates para aumentar su contenido de vitamina C, lo que podría tener importantes beneficios para la salud en regiones donde prevalecen las deficiencias nutricionales. Los investigadores han editado con éxito los genes responsables de la biosíntesis del ácido ascórbico (vitamina C) en los tomates, lo que ha dado como resultado variedades con niveles significativamente más altos de este nutriente esencial. Esta iniciativa de biofortificación es particularmente importante para las poblaciones que dependen en gran medida de los cultivos básicos y tienen un acceso limitado a una dieta variada.

Otro ejemplo de mejora nutricional mediante CRISPR es el desarrollo de variedades de maíz con mayores niveles de provitamina A. Este esfuerzo tiene como objetivo combatir la deficiencia de vitamina A, que es una de las principales causas de ceguera evitable y deficiencias inmunológicas en los países en desarrollo. Al editar la ruta biosintética de los carotenoides, los científicos han creado maíz con mayor contenido de betacaroteno, que el cuerpo puede convertir en vitamina A.

Estos avances en biotecnología agrícola no sólo prometen mejorar la seguridad alimentaria, sino que también abordan los desafíos nutricionales globales. Al reducir la necesidad de insumos químicos, aumentar la resiliencia al cambio climático y mejorar el valor nutricional de los cultivos básicos, la tecnología CRISPR ofrece un enfoque sostenible para satisfacer las crecientes demandas alimentarias de la población mundial. A medida que avanza la investigación, el potencial de CRISPR para revolucionar la agricultura y contribuir a la salud mundial y la sostenibilidad ambiental se hace cada vez más evidente.

El potencial de CRISPR se extiende más allá de la salud humana y la agricultura, y abarca la conservación del medio ambiente. Una de las aplicaciones más innovadoras en este campo es el concepto de impulsores genéticos, que utilizan CRISPR para propagar rasgos genéticos específicos a través de poblaciones de especies a un ritmo acelerado. Esta tecnología promete controlar especies invasoras y vectores de enfermedades que amenazan los ecosistemas y la salud humana.

Los impulsores genéticos funcionan modificando la herencia de un gen en particular para que se transmita a casi todos los descendientes, en lugar de la tasa de herencia típica del 50 % que se observa en la genética tradicional. Esto garantiza que el rasgo genético en cuestión se propague rápidamente por la población. Los investigadores están explorando varias aplicaciones innovadoras de los impulsores genéticos para abordar algunos de los desafíos ambientales y de salud pública más urgentes.

Por ejemplo, los científicos están investigando el uso de impulsores genéticos para reducir las poblaciones de mosquitos portadores de malaria, en particular la especie Anopheles. La malaria es una enfermedad devastadora que afecta a millones de personas cada año, principalmente en el África subsahariana. Mediante la introducción de un impulso genético que deja estériles a los mosquitos hembra o reduce significativamente su esperanza de vida, los investigadores pretenden reducir drásticamente la población de mosquitos y, en consecuencia, la incidencia de la malaria. Los estudios iniciales de laboratorio han mostrado resultados prometedores: los impulsores genéticos se están extendiendo rápidamente entre las poblaciones de mosquitos y han logrado reducciones significativas en sus números.

Otra aplicación de los impulsores genéticos es el control de especies invasoras que alteran los ecosistemas locales. Por ejemplo, el sapo de caña invasor de Australia ha causado graves daños ecológicos desde su introducción en la década de 1930. Los investigadores están estudiando impulsores genéticos que podrían reducir la fertilidad de los sapos de caña o aumentar su susceptibilidad a ciertas enfermedades, controlando así su población y mitigando su impacto sobre la fauna autóctona.

Además, se están estudiando las derivaciones genéticas por su potencial para preservar especies en peligro de extinción. Por ejemplo, podrían utilizarse para introducir rasgos genéticos que confieran resistencia a enfermedades que amenazan a determinadas especies, como el síndrome de la nariz blanca en los murciélagos o la quitridiomicosis en los anfibios. Al mejorar la resiliencia de estas especies, las derivaciones genéticas podrían desempeñar un papel fundamental en las iniciativas de conservación.

Los beneficios potenciales de los impulsores genéticos son significativos, pero también conllevan considerables preocupaciones éticas y ecológicas. La naturaleza irreversible de los impulsores genéticos y su capacidad de propagarse rápidamente entre las poblaciones plantean interrogantes sobre las consecuencias no deseadas y el impacto a largo plazo en los ecosistemas. Por lo tanto, una investigación exhaustiva, una planificación cuidadosa y marcos regulatorios estrictos son esenciales para garantizar el uso responsable de esta poderosa tecnología en la conservación del medio ambiente.

Sin embargo, el uso de impulsores genéticos también plantea inquietudes ecológicas y éticas, ya que aún no se comprenden plenamente sus efectos a largo plazo sobre los ecosistemas. Esto pone de relieve la importancia de una consideración y una regulación cuidadosas en la aplicación de la tecnología CRISPR con fines ambientales.

En el campo de la biotecnología industrial, la tecnología CRISPR se está utilizando para optimizar la producción de biocombustibles y productos bioquímicos. Al modificar los genomas de los microorganismos, los científicos están mejorando su capacidad para producir biocombustibles de manera más eficiente, ofreciendo una alternativa sostenible a los combustibles fósiles. Por ejemplo, la tecnología CRISPR se ha utilizado para diseñar cepas de levadura que pueden fermentar la biomasa en etanol de manera más efectiva, mejorando así la eficiencia de la producción de biocombustibles. En concreto, los investigadores han seleccionado y modificado genes de la levadura para aumentar su tolerancia al etanol y mejorar su capacidad para convertir varios tipos de biomasa, incluidos residuos agrícolas y materiales leñosos, en azúcares fermentables. Esta optimización genética no solo aumenta la producción de etanol, sino que también reduce los costos y el impacto ambiental de los procesos de producción de biocombustibles.

Además, la tecnología CRISPR está ayudando al desarrollo de microorganismos que pueden producir sustancias bioquímicas valiosas, como fármacos y enzimas industriales. Por ejemplo, la tecnología CRISPR se ha utilizado para modificar cepas bacterianas como Escherichia coli y Streptomyces, lo que les permite sintetizar antibióticos complejos y agentes anticancerígenos de forma más eficiente. Esta manipulación genética permite obtener mayores rendimientos y pureza de estos medicamentos esenciales, lo que reduce la dependencia de los métodos tradicionales de extracción de fuentes naturales, que pueden requerir mucha mano de obra y ser perjudiciales para el medio ambiente.

Además, en la producción de enzimas industriales, CRISPR ha facilitado la creación de variantes enzimáticas con estabilidad, actividad y especificidad mejoradas. Estas enzimas se utilizan en una amplia gama de aplicaciones, desde detergentes y procesamiento de alimentos hasta biorremediación y fabricación de papel. Por ejemplo, al editar el genoma de Aspergillus niger, un hongo industrial común, los científicos han mejorado su capacidad para producir altos niveles de fitasa, una enzima crucial para la alimentación animal que descompone el ácido fítico, mejorando la disponibilidad nutricional del fósforo en las dietas del ganado.

Estos avances demuestran cómo la tecnología CRISPR está revolucionando la biotecnología industrial, haciendo que la producción de biocombustibles y productos bioquímicos sea más eficiente, rentable y respetuosa con el medio ambiente. Al aprovechar el poder de la edición genética, las industrias pueden realizar la transición hacia prácticas más sostenibles, reduciendo su huella de carbono y contribuyendo a una economía más ecológica.

La influencia de CRISPR ha llegado incluso a la industria cosmética, donde se está estudiando su potencial para revolucionar el cuidado de la piel y los tratamientos antienvejecimiento. Al actuar sobre los genes asociados con el envejecimiento de la piel y la pigmentación, CRISPR ofrece la posibilidad de desarrollar tratamientos cosméticos más efectivos y duraderos. Por ejemplo, los investigadores están investigando el uso de CRISPR para corregir mutaciones genéticas que conducen a trastornos de la piel o aceleran el proceso de envejecimiento.

Un área de investigación prometedora es el uso de CRISPR para identificar y editar los genes responsables de la producción de colágeno. El colágeno es una proteína que proporciona estructura y elasticidad a la piel, pero su producción disminuye naturalmente con la edad, lo que provoca arrugas y flacidez de la piel. Al mejorar la expresión de los genes involucrados en la síntesis de colágeno, CRISPR podría ayudar a mantener niveles más altos de colágeno, lo que da como resultado una piel más firme y juvenil.

Otra aplicación interesante es el tratamiento de trastornos de hiperpigmentación, como el melasma y las manchas de la edad. Estas afecciones suelen estar causadas por la sobreproducción de melanina, el pigmento que da color a la piel. Los científicos están explorando cómo se puede utilizar CRISPR para regular los genes que controlan la producción de melanina, lo que podría ofrecer una forma de reducir la pigmentación no deseada y lograr un tono de piel más uniforme.

También se está estudiando la posibilidad de utilizar CRISPR para tratar enfermedades genéticas que afectan la piel, como la epidermólisis ampollosa (EB), un grupo de enfermedades raras que hacen que la piel se vuelva muy frágil y se formen ampollas con facilidad. Al corregir las mutaciones genéticas que causan la EB, CRISPR podría proporcionar un tratamiento permanente para esta enfermedad debilitante, mejorando la calidad de vida de las personas afectadas.

Además, la industria antienvejecimiento está estudiando el uso de CRISPR para retrasar o incluso revertir el proceso de envejecimiento celular. Los investigadores están identificando genes que desempeñan un papel en la senescencia celular, el proceso por el cual las células dejan de dividirse y contribuyen al envejecimiento y las enfermedades relacionadas con la edad. Al editar estos genes, podría ser posible rejuvenecer las células y prolongar su vida útil saludable, lo que ofrece nuevos enfoques para las terapias antienvejecimiento.

El potencial de CRISPR en la industria cosmética es enorme y promete no solo mejorar la eficacia de los productos para el cuidado de la piel, sino también generar tratamientos innovadores que vayan más allá de las mejoras superficiales y aborden las bases genéticas de la salud y el envejecimiento de la piel. A medida que avanza la investigación, la integración de CRISPR en la ciencia cosmética podría conducir a tratamientos personalizados basados en genes que se adapten a los perfiles genéticos individuales, lo que marcaría el comienzo de una nueva era de soluciones personalizadas para el cuidado de la piel.

Si bien estas aplicaciones aún se encuentran en sus primeras etapas, representan el amplio impacto de la tecnología CRISPR en varios sectores. La capacidad de editar material genético con precisión promete innovaciones que antes se consideraban ciencia ficción.

A medida que profundizamos en las aspiraciones militares y la ingeniería genética en los siguientes capítulos, es fundamental comprender las capacidades fundamentales de CRISPR que hacen posibles estos avances. Esta comprensión prepara el terreno para explorar cómo se podrían aprovechar (o utilizar indebidamente) estas capacidades en el contexto de la guerra moderna y más allá.

Capítulo 2
Se revela el CRISPR

La búsqueda de mejoras en las capacidades humanas para fines militares no es un fenómeno nuevo. A lo largo de la historia, las naciones han buscado diversos medios para dar a sus soldados una ventaja en el campo de batalla. Desde antiguas mezclas de hierbas hasta modernas soluciones farmacológicas, el impulso para superar los límites humanos ha sido incesante. El contexto histórico de estas mejoras proporciona información crucial sobre las consideraciones éticas, estratégicas y prácticas que acompañan la adopción de tecnologías genéticas como CRISPR en los entornos militares contemporáneos.

En la antigüedad, los guerreros consumían diversas sustancias naturales que se creía que mejoraban sus capacidades físicas y mentales. Por ejemplo, los antiguos griegos y romanos utilizaban opio y otras mezclas de hierbas para aliviar el dolor y aumentar la resistencia. El opio, derivado de la planta de la amapola, era conocido por sus potentes propiedades analgésicas y se utilizaba habitualmente para aliviar el dolor en diversos tratamientos médicos. El médico griego Hipócrates, a menudo denominado el "Padre de la Medicina", documentó el uso del opio en sus textos médicos, destacando su eficacia en el tratamiento de dolencias que iban desde dolores de cabeza hasta problemas respiratorios. Además del opio, los griegos y los romanos utilizaban una variedad de brebajes de hierbas para mejorar el rendimiento físico y la resistencia. Un ejemplo notable es el uso de la hierba silfio, que era muy apreciada en el mundo antiguo por sus propiedades medicinales. Se creía que el silfio tenía numerosos beneficios, entre ellos el alivio del dolor, la reducción de la fiebre e incluso efectos anticonceptivos. Era tan valioso que estaba representado en monedas antiguas y se comercializaba ampliamente en todo el Mediterráneo.

Según la leyenda nórdica, los berserkers ingerían hongos alucinógenos para inducir un estado de furia feroz e incontrolable durante la batalla. Estos guerreros, conocidos por su estilo de lucha frenético y su fuerza aparentemente sobrehumana, eran temidos y reverenciados en igual medida. El término "berserker" en sí mismo se deriva de las palabras nórdicas antiguas "berr" (oso) y "serkr" (camisa), lo que sugiere que estos guerreros usaban pieles de oso en la batalla o luchaban sin armadura, encarnando la ferocidad de un animal salvaje.

Los relatos históricos y las sagas describen a los berserkers entrando en un estado de trance, a menudo atribuido al consumo de Amanita muscaria, un tipo de hongo alucinógeno que se encuentra comúnmente en los bosques del norte de Europa. Este hongo contiene compuestos psicoactivos como el muscimol y el ácido iboténico, que pueden causar alucinaciones intensas, percepción alterada de la realidad y aumento de la agresividad. Bajo la influencia de estas sustancias, los berserkers se volverían inmunes al dolor y capaces de extraordinarias hazañas de fuerza, atacando a sus enemigos con una furia implacable y poco respeto por su propia seguridad.

Este estado alterado, a veces denominado "berserkergang", no era sólo resultado de los hongos, sino que también estaba probablemente influenciado por prácticas rituales, condicionamiento psicológico y la intensa importancia cultural que se le daba a la destreza marcial y la valentía en la batalla. La combinación de estos factores creó una poderosa transformación psicológica y física, que permitía a los berserkers realizar actos que parecían estar más allá de las capacidades de los hombres comunes.

Si bien se debate la exactitud histórica exacta de estos relatos, el concepto de berserker ha dejado un impacto duradero en las percepciones históricas y modernas de los guerreros nórdicos. La imagen del guerrero imparable alimentado por hongos ha permeado la cultura popular y aparece en la literatura, las películas e incluso los videojuegos, donde los berserkers suelen representarse como la máxima encarnación del poder puro e indómito.

Más allá de las leyendas, el uso de sustancias psicoactivas para mejorar el rendimiento en combate no es exclusivo de los berserkers nórdicos. Se han registrado prácticas similares en varias culturas a lo largo de la historia, desde el uso de hojas de coca por parte de los guerreros incas hasta el consumo de hachís por parte de los legendarios asesinos de Oriente Medio. Estos paralelismos históricos ponen de relieve una fascinación humana más amplia por el potencial de trascender los límites físicos y mentales ordinarios mediante el uso de sustancias naturales, un tema que sigue cautivando la imaginación de la gente de hoy.

Estos primeros intentos de mejora, aunque rudimentarios, sentaron las bases para enfoques más sistemáticos en períodos posteriores. Estas sustancias naturales, aunque algo efectivas, a menudo carecían de consistencia y tenían efectos secundarios impredecibles. La naturaleza de ensayo y error de estos métodos puso de relieve la necesidad de medios de mejora más controlados y fiables.

En la década de 1920, la Unión Soviética se embarcó en una extraña y controvertida iniciativa científica liderada por el destacado biólogo Ilya Ivanov. Conocido por su trabajo en la cría de animales, Ivanov pretendía ampliar los límites de la ciencia creando un híbrido de simio y humano. Esta iniciativa, impulsada por el deseo del régimen soviético de demostrar la superioridad del socialismo a través de logros científicos, era ambiciosa y éticamente dudosa. Uno de los propósitos subyacentes de esta investigación era desarrollar un nuevo tipo de soldado, uno con la fuerza y la resistencia de un simio combinadas con la inteligencia y la obediencia de un humano. Los líderes soviéticos concibieron a estos híbridos como formidables activos en la guerra, capaces de realizar tareas que iban más allá de los límites físicos de los soldados ordinarios.

En 1926, Ivanov viajó a Guinea Francesa para llevar a cabo sus experimentos, donde intentó inseminar chimpancés hembra con esperma humano. A pesar de sus esfuerzos, estos experimentos iniciales no produjeron ningún resultado viable. Sin desanimarse, Ivanov regresó a la Unión Soviética y continuó su trabajo con el apoyo del gobierno soviético. Este apoyo reflejaba la ideología soviética más amplia que veía la ciencia como un medio para lograr hazañas extraordinarias y superar al Occidente capitalista, incluida la posible militarización de los avances biológicos.

De regreso a la Unión Soviética, Ivanov centró su atención en el uso de esperma de simio para inseminar mujeres humanas, un plan que suscitó importantes preocupaciones éticas y morales. Recibió permiso de las autoridades soviéticas para continuar, pero resultó difícil encontrar participantes femeninas dispuestas. Finalmente, los experimentos de Ivanov fueron clausurados por el gobierno soviético, que había comenzado a ver su trabajo como una vergüenza y una distracción de otras actividades científicas. La impracticabilidad y las cuestiones éticas que rodeaban al proyecto finalmente llevaron a su abandono.

El escándalo en torno a los experimentos de Ivanov puso de relieve los límites éticos que se estaban traspasando en nombre del progreso científico y la ventaja militar. También subrayó el intenso deseo de la Unión Soviética de lograr la supremacía científica, incluso a costa de realizar investigaciones moralmente cuestionables. A pesar de su fracaso, el trabajo de Ivanov dejó un impacto duradero en la comunidad científica, sirviendo como advertencia sobre los peligros potenciales de la experimentación científica sin restricciones y sin supervisión ética.

Este peculiar capítulo de la historia soviética sigue siendo un ejemplo fascinante de cómo las ambiciones ideológicas y militares pueden llevar los esfuerzos científicos a extremos, a menudo ignorando las implicaciones éticas. Los experimentos de Ivanov, aunque finalmente fracasaron, siguen generando debates sobre los límites de la investigación científica, la intersección de la ciencia y la guerra y las responsabilidades morales de los científicos.

La revolución industrial trajo consigo avances significativos en la medicina y la química, lo que llevó al desarrollo de drogas sintéticas que podían utilizarse para mejorar el rendimiento de los soldados. Durante la Segunda Guerra Mundial, tanto los aliados como las potencias del Eje emplearon anfetaminas para mantener a las tropas alerta y combatir la fatiga. A los soldados alemanes se les daba Pervitin, un tipo de metanfetamina, que se creía que aumentaba su resistencia y agresividad. De manera similar, los aliados utilizaban Benzedrine, otra anfetamina, para ayudar a los pilotos y soldados de infantería a mantenerse despiertos durante misiones largas. Estas drogas, aunque efectivas a corto plazo, a menudo tenían efectos secundarios graves y conducían a la adicción, lo que resaltaba los peligros de los potenciadores químicos. La transición a las drogas sintéticas representó una mejora significativa en términos de potencia y fiabilidad en comparación con las sustancias naturales. Sin embargo, las implicaciones para la salud a largo plazo y el potencial de abuso subrayaron la necesidad de alternativas más seguras.

Durante la Guerra Fría se produjeron nuevos avances en los programas de mejora militar, impulsados por la intensa competencia entre Estados Unidos y la Unión Soviética. Ambas superpotencias invirtieron mucho en investigación para mejorar las capacidades físicas y cognitivas de sus soldados. El ejército estadounidense exploró diversas drogas y técnicas para mejorar el rendimiento, incluido el uso de esteroides para aumentar la masa muscular y la fuerza. La Unión Soviética, por otro lado, experimentó con una variedad de sustancias, incluida la fentermina y varios fármacos psicotrópicos, para aumentar la resistencia y la resiliencia mental. Estas mejoras apuntaban no solo a mejorar las capacidades físicas, sino también a mantener la agudeza mental y la resiliencia bajo estrés extremo. Las innovaciones de la era de la Guerra Fría se caracterizaron por un enfoque más científico y experimental, lo que refleja avances en la comprensión de la fisiología y la psicología humanas.

Un ejemplo notable del período de la Guerra Fría son los experimentos del Ejército de Estados Unidos en el Arsenal Edgewood, que se llevaron a cabo entre 1948 y 1975. En ellos se probaron diversos agentes químicos en personal militar para evaluar su potencial para mejorar el rendimiento e inducir la incapacitación de los enemigos. Entre las sustancias que se probaron se encontraban alucinógenos, agentes nerviosos y estimulantes. Entre los alucinógenos probados se encontraba el LSD, que se administró a los soldados para estudiar sus efectos sobre su estado mental y su rendimiento. También se exploró el uso de agentes nerviosos, como el sarín y el VX, para comprender su potencia y el potencial de las medidas de protección contra la guerra química.

Entre los estimulantes que se probaron se encontraban compuestos como las anfetaminas, que se analizaron por su capacidad para mejorar el estado de alerta y la resistencia de los soldados. Los resultados de estas pruebas variaron: algunas sustancias resultaron eficaces para lograr los objetivos previstos, mientras que otras provocaron efectos secundarios graves e impredecibles.

Si bien algunos de los hallazgos contribuyeron al desarrollo de nuevas tecnologías militares y medidas defensivas, las implicaciones éticas de estos experimentos fueron profundas. Muchos de los soldados que participaron no estaban plenamente informados de la naturaleza o los riesgos potenciales de las pruebas, lo que generó serias dudas sobre el consentimiento informado. Los efectos a largo plazo sobre la salud de los participantes a menudo se pasaron por alto o no se abordaron adecuadamente, lo que provocó un sufrimiento significativo y problemas de salud para muchos de los involucrados.

Las violaciones éticas y la falta de transparencia acabaron provocando protestas públicas y demandas de rendición de cuentas. En respuesta a la creciente conciencia y las críticas, el gobierno de Estados Unidos implementó normas más estrictas sobre la experimentación humana. Las consecuencias de los experimentos del Arsenal de Edgewood impulsaron la elaboración del Informe Belmont en 1979, que estableció principios y directrices éticos fundamentales para la realización de investigaciones con sujetos humanos.

Los experimentos del Arsenal Edgewood demostraron la voluntad de las instituciones militares de ampliar los límites éticos en la búsqueda de capacidades mejoradas, lo que en última instancia impulsó una reevaluación de los límites morales de ese tipo de investigación. El legado de estos experimentos sirve como advertencia, destacando la importancia de las consideraciones éticas y la protección de los derechos humanos en la investigación científica y militar. Las lecciones aprendidas de este período han servido de base para los debates contemporáneos sobre las implicaciones éticas de las tecnologías emergentes, incluidas la CRISPR y la ingeniería genética, y han puesto de relieve la necesidad de vigilancia y supervisión ética en la búsqueda de avances científicos y tecnológicos.

En tiempos más recientes, los avances en biotecnología han abierto nuevas vías para las mejoras militares. Surgió el concepto de "biosoldados", que se centra en el uso de medios biológicos para mejorar las capacidades humanas. Esto incluye la exploración de la terapia genética, las prótesis y otras técnicas de bioingeniería. Por ejemplo, la DARPA (Defense Advanced Research Projects

Agency) ha estado a la vanguardia de la investigación para aumentar el rendimiento humano mediante medios biológicos.

Sus proyectos han incluido el desarrollo de exoesqueletos para mejorar la fuerza y la resistencia física, así como la investigación de formas de mejorar la función cognitiva y la resistencia al estrés. El desarrollo de exoesqueletos, por ejemplo, ha sido un foco importante para mejorar las capacidades físicas de los soldados. Estas máquinas portátiles están diseñadas para aumentar la fuerza y la resistencia humanas, lo que permite a los soldados llevar cargas pesadas con menos fatiga y reduciendo el riesgo de lesiones. Los exoesqueletos avanzados pueden proporcionar soporte a las articulaciones y los músculos, lo que permite a los soldados moverse con mayor eficiencia a largas distancias y en terrenos desafiantes. Empresas como Lockheed Martin y DARPA han hecho avances significativos en la creación de exoesqueletos que son livianos, flexibles y capaces de integrarse perfectamente con los movimientos del cuerpo.

Además de las mejoras físicas, se han realizado importantes investigaciones para mejorar la función cognitiva y la resistencia al estrés. Las mejoras cognitivas tienen como objetivo agudizar la agudeza mental, mejorar la capacidad de toma de decisiones y aumentar la función cerebral en general. Los investigadores están explorando diversos métodos para lograr estos objetivos, incluidas las técnicas de neuroestimulación, como la estimulación transcraneal con corriente directa (tDCS) y la estimulación magnética transcraneal (TMS). Estos métodos implican procedimientos no invasivos que utilizan corrientes eléctricas o campos magnéticos para estimular áreas específicas del cerebro, lo que potencialmente mejora el rendimiento cognitivo y la concentración.

La integración de la tecnología y la biología también se extiende al desarrollo de soluciones farmacológicas destinadas a potenciar la función cognitiva. Los nootrópicos, o "drogas inteligentes", son sustancias que pueden mejorar la memoria, la creatividad y la motivación en individuos sanos. La investigación militar ha estudiado el uso de estos fármacos para mejorar el rendimiento cognitivo de los soldados, en particular en entornos de alto estrés y exigentes. Por ejemplo, el modafinilo, un fármaco desarrollado inicialmente para tratar la narcolepsia, se ha utilizado para mejorar el estado de alerta y la función cognitiva en soldados que necesitan permanecer despiertos y concentrados durante períodos prolongados.

Mejorar la resiliencia al estrés es otra área crítica de atención. El personal militar a menudo está expuesto a factores estresantes extremos que pueden afectar su salud mental y su desempeño. La investigación en este campo incluye el estudio del entrenamiento de inoculación de estrés, que implica exponer a las personas al estrés en entornos controlados para desarrollar su resiliencia. Además, hay investigaciones en curso sobre los mecanismos genéticos y moleculares que subyacen a las respuestas al estrés. Al comprender estos mecanismos, los científicos esperan desarrollar intervenciones que puedan mejorar la resiliencia al estrés a nivel biológico.

Entre los proyectos más destacados de DARPA se encuentra el "Proyecto Avatar", una ambiciosa iniciativa que busca desarrollar tecnologías que permitan a los soldados controlar de forma remota máquinas bípedas semiautónomas. Este proyecto representa un importante avance en la integración de la robótica avanzada con interfaces neuronales, lo que podría revolucionar la forma en que se llevan a cabo las operaciones militares. Al permitir que los soldados realicen tareas peligrosas sin riesgo físico, el Proyecto Avatar tiene como objetivo mejorar tanto la seguridad como la eficacia del personal militar.

El concepto central del Proyecto Avatar gira en torno a la creación de robots sustitutos que puedan ser controlados por operadores humanos mediante una combinación de sensores portátiles e interfaces cerebro-computadora (BCI). Estos robots sustitutos, o avatares, están diseñados para imitar el movimiento y las capacidades humanas, equipados con extremidades diestras, sistemas sensoriales avanzados e inteligencia artificial sofisticada para funciones autónomas. La integración de interfaces neuronales permite a los soldados controlar estos avatares de forma intuitiva, utilizando sus pensamientos para dirigir las acciones de las máquinas en tiempo real.

Uno de los principales objetivos del Proyecto Avatar es reducir el riesgo físico de los soldados permitiéndoles participar en misiones peligrosas de forma remota. Esto podría incluir tareas como desactivación de bombas, reconocimiento en entornos hostiles y operaciones de combate en primera línea. Al desplegar avatares robóticos en lugar de soldados humanos, las unidades militares pueden mantener una presencia en áreas peligrosas sin exponer al personal a situaciones que pongan en peligro su vida. Este enfoque no solo mejora la seguridad de los soldados, sino que también permite una mayor flexibilidad y eficiencia operativa.

El desarrollo de interfaces neuronales para el Proyecto Avatar es un aspecto fundamental de su éxito. Estas interfaces se basan en investigaciones de vanguardia en neurociencia y bioingeniería para traducir las señales neuronales del cerebro humano en comandos para el avatar robótico. Se están explorando técnicas como la electroencefalografía (EEG) y los conjuntos de microelectrodos intracorticales para lograr un control preciso y confiable sobre los avatares. El desafío consiste en crear interfaces que sean altamente sensibles y mínimamente invasivas, asegurando que los soldados puedan operar los avatares sin problemas y sin un esfuerzo físico o cognitivo significativo.

El Proyecto Avatar también pone de relieve el interés más amplio de las fuerzas armadas en la integración de mejoras biológicas y tecnológicas avanzadas. Si bien no se trata estrictamente de un proyecto de modificación genética, se alinea con el objetivo general de DARPA de aumentar las capacidades humanas a través de la tecnología. Esto incluye iniciativas en áreas como la realidad aumentada, los exoesqueletos y los implantes cibernéticos, todas ellas destinadas a crear un soldado más resistente y capaz.

Las posibles aplicaciones del Proyecto Avatar van más allá de las operaciones militares tradicionales. En situaciones de respuesta a desastres, los avatares podrían utilizarse para evaluar los daños, rescatar a los supervivientes y realizar reparaciones críticas en entornos que son demasiado peligrosos para los intervinientes humanos. En el ámbito de la aplicación de la ley, los avatares robóticos podrían utilizarse para la vigilancia, las negociaciones con rehenes y el control de multitudes, reduciendo el riesgo tanto para los agentes como para los civiles.

Sin embargo, el desarrollo de tecnologías tan avanzadas también plantea importantes cuestiones éticas y prácticas. El uso de avatares controlados a distancia en situaciones de combate podría desdibujar las fronteras entre la rendición de cuentas y la toma de decisiones, lo que plantearía preocupaciones sobre la posibilidad de un uso indebido y consecuencias no deseadas. Además, el impacto psicológico en los soldados que controlan estos avatares, en particular en situaciones de combate y de alto estrés, requiere una cuidadosa consideración y apoyo.

Además, la integración de interfaces neuronales y sistemas robóticos plantea importantes desafíos técnicos. Garantizar una comunicación sólida y segura entre el operador humano y el avatar es crucial para evitar la piratería o las interferencias. Los propios avatares deben estar diseñados para soportar los rigores del combate y funcionar de forma fiable en entornos diversos e impredecibles.

A pesar de estos desafíos, el Proyecto Avatar representa un paso audaz hacia el futuro de la tecnología militar. Al fusionar la robótica avanzada con las interfaces neuronales, DARPA pretende crear un nuevo paradigma en el que los soldados puedan ampliar su alcance y sus capacidades mucho más allá de sus limitaciones físicas. Este proyecto ejemplifica el espíritu innovador de DARPA y su compromiso de ampliar los límites de lo posible, con el objetivo último de mejorar la seguridad y la eficacia de las operaciones militares, al tiempo que se exploran las profundas implicaciones de la integración hombre-máquina.

Estos avances representan un cambio hacia la integración de la tecnología y la biología de maneras que los métodos anteriores no podían lograr, ofreciendo mejoras más precisas y potencialmente más seguras. La convergencia de campos como la biotecnología, la neurociencia y la robótica está permitiendo el desarrollo de soluciones que se pueden adaptar a las necesidades específicas de los individuos. Por ejemplo, se pueden emplear enfoques de medicina personalizada para crear planes de mejora personalizados en función de la composición genética, el estilo de vida y los requisitos operativos específicos de un soldado.

Además, se están considerando cuidadosamente las preocupaciones éticas y de seguridad asociadas con estos avances. A diferencia de los métodos anteriores que a menudo tenían efectos secundarios significativos o problemas éticos, las mejoras modernas están diseñadas con un mayor énfasis en la seguridad y los estándares éticos. Por ejemplo, el desarrollo de exoesqueletos incluye pruebas rigurosas para garantizar que no causen daño o tensión indebida en el cuerpo del usuario. De manera similar, se están evaluando las técnicas de mejora cognitiva para determinar sus efectos a largo plazo y los riesgos potenciales para garantizar que sean seguras para su uso generalizado.

Las posibles aplicaciones de estas mejoras se extienden más allá del ámbito militar. En la vida civil, los exoesqueletos podrían utilizarse para ayudar a las personas con problemas de movilidad, proporcionándoles mayor independencia y una mejor calidad de vida. Las técnicas de mejora cognitiva y el entrenamiento de resiliencia al estrés podrían beneficiar a los profesionales en ocupaciones de alto estrés, como los socorristas, los trabajadores sanitarios y los ejecutivos, ayudándolos a desempeñarse mejor bajo presión y a mantener su bienestar mental.

El atractivo de la modificación genética reside en su potencial para crear supersoldados con ventajas innatas que superan a los métodos tradicionales de mejora. A diferencia de las herramientas externas y las medidas temporales, la ingeniería genética puede alterar el mismísimo modelo de la biología humana, incorporando mejoras directamente en el ADN de un soldado. Este cambio de la modificación externa a la interna refleja una tendencia más amplia en la ciencia militar: la búsqueda de rasgos permanentes, fiables y hereditarios que puedan transmitirse de generación en generación. Esta transición también significa un paso hacia un enfoque más holístico de la mejora de los soldados, en el que el foco no se centra sólo en las capacidades físicas, sino también en la resiliencia cognitiva y psicológica.

La tecnología CRISPR ha revolucionado la investigación genética, ofreciendo una precisión sin precedentes en la edición del ADN. Para aplicaciones militares, CRISPR presenta una oportunidad de crear soldados modificados genéticamente que sean más fuertes, más rápidos y más resistentes. Se están realizando investigaciones sobre cómo se puede utilizar CRISPR para mejorar el crecimiento muscular, mejorar las funciones cognitivas y aumentar la resistencia a las tensiones ambientales, como las temperaturas extremas y la radiación.

El potencial de la tecnología genética en el ámbito militar no ha pasado desapercibido para otras naciones. Se dice que países como China y Rusia están invirtiendo fuertemente en investigaciones similares, lo que podría desencadenar un nuevo tipo de carrera armamentística. El ejército chino, por ejemplo, ha expresado un interés significativo en la biotecnología y considera que la ingeniería genética es un componente crítico de la guerra del futuro.

Esta competición internacional plantea varias cuestiones éticas y normativas. La perspectiva de crear "soldados de diseño" plantea cuestiones sobre el consentimiento, los derechos humanos y el potencial de abuso. A diferencia de las armas tradicionales, las modificaciones genéticas tienen implicaciones permanentes y de largo alcance para los individuos y la sociedad.

El camino hacia el despliegue de soldados modificados genéticamente está plagado de desafíos científicos, éticos y prácticos. Desde el punto de vista científico, aún se desconocen los efectos a largo plazo de las modificaciones genéticas. Entre las preocupaciones éticas se incluyen el potencial de coerción, el impacto en la identidad individual y las implicaciones sociales más amplias de la creación de una clase de humanos mejorados.

En la práctica, existen importantes obstáculos en términos de regulación y supervisión. Las leyes y tratados internacionales, como la Convención sobre Armas Biológicas, no cubren actualmente las modificaciones genéticas, lo que crea una zona gris regulatoria. Además, la percepción y aceptación pública de los soldados modificados genéticamente es incierta, con posibles reacciones negativas de diversos grupos sociales y culturales.

A pesar de estos desafíos, es poco probable que el interés militar en la tecnología genética disminuya. Las ventajas potenciales son demasiado significativas como para ignorarlas. Sin embargo, es fundamental que este interés se equilibre con una cuidadosa consideración de las implicaciones éticas, legales y sociales. A medida que profundizamos en la ciencia y las posibles aplicaciones de CRISPR en el ámbito militar, debemos tener en cuenta el contexto más amplio. La siguiente sección explorará estudios de casos específicos y opiniones de expertos, brindando una visión más detallada de las aplicaciones y desafíos del mundo real de estas tecnologías.

Mientras continúa el debate sobre la fascinación de los militares por la ingeniería genética, es imposible ignorar la plétora de teorías conspirativas que han surgido a lo largo de los años. Estas teorías, aunque a menudo son sensacionalistas y no están verificadas, reflejan una preocupación pública profundamente arraigada sobre el posible uso indebido de las tecnologías genéticas para crear supersoldados.

Una de las teorías conspirativas más persistentes gira en torno a programas gubernamentales secretos supuestamente dedicados a desarrollar supersoldados. Estas teorías sugieren que varias organizaciones militares en todo el mundo han estado experimentando con modificaciones genéticas durante décadas.

En los últimos años, el auge de la tecnología CRISPR ha alimentado una nueva ola de teorías conspirativas. La capacidad de CRISPR para editar genes con una precisión sin precedentes ha llevado a algunos a especular que las organizaciones militares están utilizando esta tecnología para crear soldados con capacidades físicas y cognitivas mejoradas.

Estas teorías suelen citar a la Agencia de Proyectos de Investigación Avanzada de Defensa (DARPA, por sus siglas en inglés) como figura central en estos programas secretos. Las inversiones conocidas de la DARPA en investigación genética, como el programa Safe Genes, que tiene como objetivo desarrollar herramientas para controlar la edición genética, añaden un elemento de credibilidad a estas afirmaciones. El programa Safe Genes, lanzado en 2017, representa un enfoque proactivo para el desarrollo y despliegue responsable de tecnologías de edición genética. Al centrarse en la seguridad y el control, la DARPA pretende mitigar los riesgos asociados con la ingeniería genética, asegurando que estas poderosas herramientas puedan usarse de manera eficaz y ética.

El programa Safe Genes tiene varios objetivos clave. Uno de sus principales objetivos es desarrollar tecnologías que puedan controlar con precisión cuándo y dónde se produce la edición genética. Esto incluye la creación de "interruptores de apagado" para CRISPR y otros sistemas de edición genética, lo que permite a los científicos detener el proceso de edición si se detectan cambios no deseados. Estos mecanismos de control son cruciales para prevenir efectos no deseados, es decir, cuando se realizan ediciones en partes no deseadas del genoma, lo que puede causar mutaciones dañinas.

Otro aspecto importante del programa Safe Genes es el desarrollo de tecnologías de impulsores genéticos. Los impulsores genéticos son sistemas genéticos que aumentan la probabilidad de que un gen en particular se transmita a la siguiente generación, propagando así las modificaciones genéticas a través de las poblaciones con mayor rapidez. Si bien los impulsores genéticos tienen un potencial significativo para controlar vectores de enfermedades como los mosquitos, también plantean riesgos ecológicos si no se gestionan con cuidado. Safe Genes tiene como objetivo crear impulsores genéticos reversibles, proporcionando una manera de deshacer las modificaciones genéticas si tienen consecuencias no deseadas.

Además, el programa busca mejorar las capacidades de biovigilancia para monitorear las actividades de edición genética y detectar posibles usos indebidos. Esto implica la creación de herramientas de diagnóstico para identificar y rastrear la presencia de modificaciones genéticas específicas en los organismos. Al mejorar la capacidad de monitorear los cambios genéticos, DARPA pretende prevenir el uso malintencionado de las tecnologías de edición genética, como la creación de organismos genéticamente modificados para el bioterrorismo.

La inversión de DARPA en Safe Genes subraya el compromiso de la agencia con el avance de la investigación genética, priorizando al mismo tiempo la seguridad y las consideraciones éticas. Al desarrollar mecanismos de control y herramientas de monitoreo robustos, DARPA está sentando las bases para el uso responsable de las tecnologías de edición genética tanto en contextos militares como civiles. Este enfoque proactivo no solo mejora la credibilidad de los esfuerzos de investigación genética de DARPA, sino que también sienta un precedente para otras organizaciones dedicadas a la ingeniería genética. El programa Safe Genes ejemplifica cómo la investigación de vanguardia puede equilibrarse con la responsabilidad ética, asegurando que los beneficios de la edición genética se obtengan sin comprometer la seguridad o la integridad.

La ficción popularizó a los súper soldados, pero los avances tecnológicos recientes sugieren que pueden no ser tan ficticios como parecen. En la serie Capitán América, el suero del súper soldado hizo que el mundo fuera más seguro y mejor. Sin embargo, en Iron Man 3 de Marvel, una organización terrorista robó la mezcla genética para crear súper soldados que pudieran sobrevivir a las lesiones, regenerar las extremidades y demostrar una fuerza, resistencia y agilidad extraordinarias. Aunque tanto la serie como la película eran ficticias, las aplicaciones de la tecnología genética emergente con fines de defensa ponen en tela de juicio esa clasificación.

En Estados Unidos, el Pentágono destina considerables recursos a la investigación sobre el mejoramiento humano que podría crear soldados mejorados. La Agencia de Proyectos de Investigación Avanzada de Defensa (DARPA, por sus siglas en inglés) es la encargada de esta investigación. En 1958, Estados Unidos creó la DARPA en respuesta al lanzamiento sorpresa del Sputnik. Principalmente, a través de programas como la DARPA, Estados Unidos buscó evitar que las sorpresas estratégicas impactaran negativamente en su seguridad nacional. También pretendía mantener la superioridad tecnológica de su ejército. La DARPA se considera el principal motor de innovación del Departamento de Defensa. Utiliza la investigación aplicada para abordar problemas emergentes y potenciales. Las seis oficinas de la DARPA incluyen la Oficina de Tecnologías Biológicas, la Oficina de Ciencias de la Defensa, la Oficina de Innovación de la Información, la Oficina de Tecnología de Microsistemas, la Oficina de Tecnología Estratégica y la Oficina de Tecnología Táctica.

Recientemente, la DARPA inauguró su Oficina de Tecnologías Biológicas. En 2016-2017, esta oficina, con un presupuesto de 296 millones de dólares, exploró los desafíos en la intersección de la biología y la ingeniería. La DARPA enumera varios programas centrados en la autocuración y la prevención de lesiones entre los soldados. La plataforma Safe Genes de la DARPA protege específicamente al personal militar del uso indebido, accidental o intencional, de las tecnologías de edición genómica. Afirma: "En general, el programa Safe Genes está creando un conjunto de soluciones modulares, adaptables y en capas para proteger a los combatientes y a la patria contra el uso indebido, intencional o accidental, de las tecnologías de edición genómica; prevenir y/o revertir cambios genéticos no deseados en un sistema biológico determinado; y facilitar el desarrollo de tratamientos médicos seguros, precisos y efectivos que utilicen editores genéticos".

En lo que respecta a las tecnologías CRISPR en particular, DARPA afirma: "Un equipo de la Universidad de California, Berkeley, dirigido por la Dra. Jennifer Doudna investigará el desarrollo de nuevas herramientas de edición genética seguras para su uso como agentes antivirales en modelos animales, dirigidos contra los virus del Zika y del Ébola. El equipo también intentará identificar proteínas anti-CRISPR capaces de inhibir la actividad de edición genómica no deseada, al tiempo que desarrollará nuevas estrategias para la administración de editores e inhibidores genómicos".

Parece que la DARPA y, por extensión, las autoridades del gobierno de Estados Unidos se toman en serio la amenaza de la edición no deseada del genoma y la modificación genética. Pero, al mismo tiempo, el brazo terapéutico de la DARPA, incluso dentro del programa Safe Genes, reconoce que busca "facilitar el desarrollo de tratamientos médicos seguros, precisos y eficaces que utilicen editores genéticos". Es plausible que, a medida que la distinción entre uso terapéutico y mejora se difumine y se altere, surjan preocupaciones sobre las tecnologías de mejora.

Peter Singer, del Brookings Institute, informó sobre el programa de Soldado Metabólicamente Dominante de la DARPA. Al escribir sobre la charla del director de la DARPA, Callaghan, en su 50º aniversario, Singer señaló que el ejército estadounidense está estudiando formas de utilizar "la tecnología y la biología para fusionar al hombre y la máquina con el fin de trascender los límites del cuerpo humano". El director del proyecto fue citado diciendo: "Mi medida de éxito es que el Comité Olímpico Internacional prohíbe todo lo que hacemos".

La DARPA ha ampliado su cartera para incluir proyectos ambiciosos destinados a escribir el genoma humano, ampliando aún más los límites de la ciencia genética. Este esfuerzo se basa en las bases establecidas por el Proyecto Genoma Humano, que fue una iniciativa de investigación científica internacional que finalizó en 2003. El Proyecto Genoma Humano cartografió y secuenció con éxito todo el genoma humano, identificando y cartografiando todos los genes de la especie humana. Este logro monumental proporcionó una referencia completa del ADN humano y desde entonces ha revolucionado los campos de la medicina, la genética y la biotecnología.

Partiendo de esta base, las iniciativas actuales de DARPA se centran no sólo en leer, sino también en escribir el genoma humano. Esto implica sintetizar y ensamblar genomas completos desde cero, un proceso que tiene el potencial de generar avances revolucionarios en biotecnología y medicina. Uno de estos proyectos está dirigido por el Centro de Excelencia para la Biología de la Ingeniería, donde los científicos están trabajando en el Proyecto Genoma-escritura (GP-write). Esta iniciativa tiene como objetivo desarrollar nuevas tecnologías para sintetizar grandes segmentos de ADN e integrarlos en células, lo que en última instancia permitirá la creación de genomas diseñados a medida.

Para algunos científicos del Centro de Excelencia para la Biología de la Ingeniería, el siguiente paso consistía en escribir genomas completos y sintetizarlos desde cero. La DARPA financió a Boeke y Harris Wang, de la Universidad de Columbia, con 500.000 dólares para un proyecto piloto de escritura de genomas. Utilizarán los fondos de la DARPA para diseñar células humanas que sean fábricas de nutrientes autosuficientes. Al explotar genes de bacterias, plantas y hongos, este proyecto pretende diseñar células humanas capaces de fabricar nutrientes que las células humanas no diseñadas no pueden. En su propuesta para sintetizar un genoma humano prototrófico, el equipo del proyecto piloto señaló usos relacionados principalmente con la lucha contra la desnutrición, la escasez de alimentos y la biosíntesis más económica de medicamentos. Pero la participación de la DARPA sugería que buscaba utilizar esta tecnología para crear soldados autosuficientes con una necesidad limitada de comer.

Además, la capacidad de escribir genomas abre la posibilidad de desarrollar rasgos biológicos mejorados que podrían beneficiar al personal militar. Por ejemplo, se podría diseñar a los soldados para que tuvieran mayor resistencia a las enfermedades, mejor resistencia física o mejores capacidades cognitivas. Este tipo de modificación genética podría mejorar significativamente la resiliencia y la eficacia de las fuerzas militares, lo que les proporcionaría una ventaja estratégica en diversos contextos operativos.

Sin embargo, estos avances también plantean importantes cuestiones éticas, jurídicas y sociales. La posibilidad de un uso indebido de la tecnología de escritura del genoma es una preocupación importante, en particular si se utilizara para crear organismos modificados genéticamente con fines bioterroristas u otros fines maliciosos.

Para abordar estas preocupaciones, el programa Safe Genes de la DARPA desempeña un papel crucial. Creado para garantizar el desarrollo seguro y responsable de tecnologías de edición genética, Safe Genes tiene como objetivo crear mecanismos de control que puedan prevenir, revertir o mitigar cambios genéticos no deseados. Esto incluye el desarrollo de "interruptores de apagado" para los sistemas de edición genética y estrategias para limitar la propagación de impulsores genéticos (elementos genéticos que pueden propagar rasgos específicos a través de las poblaciones).

La financiación por parte de la DARPA de proyectos destinados a escribir el genoma humano representa un avance significativo en la ingeniería genética. Si bien los beneficios potenciales para aplicaciones médicas y militares son inmensos, están acompañados de complejos desafíos éticos y de seguridad que deben gestionarse con cuidado. El legado del Proyecto Genoma Humano proporciona una base sólida, pero el futuro de la escritura del genoma requerirá una supervisión rigurosa y cooperación internacional para garantizar que estas poderosas tecnologías se utilicen de manera responsable y ética.

En las últimas décadas, la fascinación de los militares por mejorar las capacidades humanas se ha extendido al ámbito de la tecnología genética. Históricamente, los esfuerzos para mejorar el rendimiento de los soldados incluían programas de entrenamiento rigurosos, fármacos para mejorar el rendimiento y prótesis avanzadas. Sin embargo, la ingeniería genética representa un avance significativo que promete cambios más profundos y permanentes.

El atractivo de la modificación genética reside en su potencial para crear supersoldados con ventajas innatas que superan a los métodos tradicionales de mejora. A diferencia de las herramientas externas y las medidas temporales, la ingeniería genética puede alterar el mismísimo modelo de la biología humana, incorporando mejoras directamente en el ADN de un soldado. Este cambio de la modificación externa a la interna refleja una tendencia más amplia en la ciencia militar: la búsqueda de rasgos permanentes, fiables y hereditarios que puedan transmitirse de generación en generación. Esta transición también significa un paso hacia un enfoque más holístico de la mejora de los soldados, en el que el foco no se centra sólo en las capacidades físicas, sino también en la resiliencia cognitiva y psicológica.

Pensemos en la posibilidad de diseñar sangre para que los soldados puedan respirar bajo el agua o no verse afectados por el mal de altura. Estos avances harían ineficaces las barreras geográficas tradicionales (defensas naturales de las que dependen muchas naciones para su autoprotección). En las grandes altitudes del Himalaya, por ejemplo, las tensiones entre los países vecinos siguen aumentando. Los soldados mejorados equipados con respirocitos (glóbulos rojos artificiales) podrían operar en estos entornos con poco oxígeno con la misma eficiencia que lo harían a nivel del mar. Este avance tecnológico proporcionaría una importante ventaja táctica en las regiones montañosas donde el aire enrarecido suele obstaculizar el rendimiento humano.

Los respirocitos están diseñados para superar ampliamente a los glóbulos rojos naturales en su capacidad de transportar oxígeno y eliminar dióxido de carbono. Estas células artificiales pueden diseñarse para almacenar y liberar gases a velocidades controladas, lo que garantiza que los soldados mantengan una función fisiológica óptima incluso en las condiciones más difíciles. Esto significa que las tropas podrían llevar a cabo operaciones prolongadas en entornos submarinos o a grandes altitudes sin necesidad de aclimatación ni oxígeno suplementario.

Las implicaciones estratégicas de estos avances son profundas. Los soldados mejorados no sólo superarían las limitaciones físicas impuestas por los diversos entornos, sino que también obtendrían una ventaja formidable sobre los adversarios. Las naciones que carecen de recursos para invertir en mejoras genéticas y biotecnológicas, o aquellas que están limitadas por restricciones éticas y morales contra tales modificaciones, se encontrarían en clara desventaja. Esto podría conducir a un cambio significativo en el equilibrio de poder, con ejércitos tecnológicamente avanzados capaces de proyectar fuerza y llevar a cabo operaciones en zonas previamente inaccesibles o inhóspitas.

Además, la capacidad de operar sin problemas en distintos terrenos permitiría a los soldados mejorados llevar a cabo misiones encubiertas y maniobras sorpresa, aprovechando el elemento de la imprevisibilidad. Por ejemplo, las tropas podrían infiltrarse en las líneas enemigas a través de rutas submarinas o establecer bases a gran altitud que son difíciles de detectar y atacar. Esto obligaría a las fuerzas enemigas a repensar sus estrategias de defensa e invertir en contramedidas, lo que podría desencadenar una nueva carrera armamentista centrada en las mejoras biológicas y genéticas.

Más allá de las aplicaciones militares inmediatas, el desarrollo de estas tecnologías podría tener implicaciones más amplias para la seguridad global y la ética de la guerra. El uso de respirocitos y otras mejoras podría desdibujar las fronteras entre humanos y máquinas, planteando interrogantes sobre la naturaleza de la vida militar y las responsabilidades morales de las organizaciones militares. A medida que estas tecnologías se vuelvan más sofisticadas, el debate sobre su uso ético se intensificará, desafiando las normas existentes y posiblemente conduciendo a nuevas regulaciones y tratados internacionales destinados a regular su uso.

La capacidad de diseñar soldados capaces de prosperar en condiciones extremas revolucionaría las operaciones militares, reduciendo el valor protector de las barreras geográficas y dando lugar a nuevas posibilidades estratégicas. A medida que las naciones se enfrentan a las implicaciones de estos avances, el equilibrio de poder podría cambiar drásticamente, lo que subraya la importancia de las consideraciones éticas y la cooperación internacional en la era de la guerra intensificada.

La tecnología CRISPR tiene el potencial de revolucionar las operaciones militares al diseñar soldados con una mayor resiliencia a los extremos ambientales, como el frío o el calor extremos. Al editar con precisión genes específicos, los científicos pueden crear soldados que puedan soportar y desempeñarse de manera óptima en climas severos, ampliando así el alcance de las operaciones militares en regiones que antes se consideraban demasiado difíciles para el despliegue humano.

Para entender cómo CRISPR podría hacer realidad esto, profundicemos en los detalles. Un área clave en la que se podría centrar la atención sería la mejora de la termorregulación, la capacidad del cuerpo para mantener su temperatura central. Por ejemplo, se podrían introducir en el ADN humano genes que regulan la producción de proteínas anticongelantes presentes en ciertos peces del Ártico. Estas proteínas impiden que se formen cristales de hielo en la sangre, lo que permite a los organismos sobrevivir a temperaturas gélidas. De manera similar, se podrían regular positivamente los genes responsables de las proteínas de choque térmico, que ayudan a proteger a las células del estrés causado por el calor extremo. Esto permitiría a los soldados operar en desiertos abrasadores sin sucumbir a golpes de calor o deshidratación.

Otra posible aplicación de CRISPR es la mejora de la eficiencia metabólica. Mediante la modificación de genes implicados en el metabolismo energético, se podría diseñar a los soldados para que tuvieran una tasa metabólica basal más alta, lo que les permitiría generar más calor interno en ambientes fríos. Por el contrario, en climas cálidos, las mismas modificaciones genéticas podrían ayudar a mejorar la capacidad del cuerpo para disipar el calor de forma más eficaz. Por ejemplo, la sobreexpresión de genes responsables de la vasodilatación podría mejorar el flujo sanguíneo a la piel, lo que favorecería la pérdida de calor.

Las implicaciones de estos avances son profundas. Pensemos en las operaciones militares en el Ártico, donde el frío extremo y el terreno cubierto de hielo plantean desafíos importantes. En la actualidad, los soldados necesitan un entrenamiento extenso y equipo especializado para sobrevivir en estas condiciones. Con la resiliencia diseñada mediante CRISPR, los soldados podrían emprender misiones prolongadas en el Ártico sin necesidad de un equipo voluminoso para climas fríos. Esto les permitiría una mayor movilidad, sigilo y resistencia, lo que les daría una ventaja táctica en estos entornos.

En regiones cálidas y áridas como Oriente Medio o África, donde las temperaturas pueden alcanzar niveles insoportables, la tecnología CRISPR también podría mejorar las capacidades operativas. Los soldados modificados genéticamente para soportar el calor extremo podrían llevar a cabo misiones en entornos desérticos sin riesgo de agotamiento por calor. Esto no solo mejoraría su eficacia, sino que también reduciría la carga logística de suministro de agua y sistemas de refrigeración.

La posibilidad de operar en entornos tan diversos y extremos cambiaría radicalmente la estrategia y la planificación militar. Las naciones con capacidad para desplegar soldados genéticamente mejorados tendrían una ventaja significativa en los conflictos globales. Podrían proyectar su poder en regiones que antes se consideraban inhóspitas, ejecutar operaciones sorpresa y mantener una presencia en zonas donde las fuerzas tradicionales tendrían dificultades para sobrevivir.

Sin embargo, el camino hacia la realización de estas capacidades está plagado de desafíos científicos, éticos y regulatorios. La ciencia de la edición genética aún está en sus etapas iniciales y los efectos a largo plazo de las modificaciones genéticas no se comprenden por completo. También existe el riesgo de consecuencias no deseadas, como efectos fuera del objetivo que podrían causar mutaciones dañinas. Además, las implicaciones éticas de crear soldados modificados genéticamente son profundas. Es necesario considerar cuidadosamente las cuestiones sobre el consentimiento, el potencial de coerción y el impacto más amplio en la sociedad.

Para hacer frente a estos desafíos, se necesitarían pruebas y supervisión rigurosas. La cooperación internacional y el establecimiento de directrices éticas claras serán cruciales para garantizar que el desarrollo y la utilización de esas tecnologías se realicen de manera responsable. Sería necesario establecer marcos regulatorios para regular el uso de modificaciones genéticas en el ámbito militar, sopesando los posibles beneficios con la necesidad de proteger los derechos humanos y evitar el uso indebido.

Si bien los ambiciosos proyectos de la DARPA en materia de escritura genómica y modificación genética tienen un potencial inmenso, hay un contraargumento importante que se debe considerar: la prisa de los militares por ser los primeros en el mundo en utilizar esta tecnología puede tener consecuencias imprevistas y potencialmente desastrosas. La intensa presión para lograr una ventaja estratégica podría dar como resultado una implementación apresurada de técnicas de edición genética sin comprender plenamente los efectos a largo plazo o las implicaciones éticas.

En primer lugar, la carrera por ser el primero suele llevar a recortar gastos en investigación y desarrollo. En el contexto militar, esta urgencia puede significar la implementación de tecnologías no probadas en entornos de alto riesgo. La complejidad de la ingeniería genética exige pruebas y evaluaciones exhaustivas para garantizar la seguridad y la eficacia. Acelerar este proceso aumenta el riesgo de efectos secundarios no deseados, como mutaciones genéticas o problemas de salud imprevistos en individuos modificados. Estos riesgos no son sólo teóricos; se han observado en otros campos de la biotecnología donde la implementación prematura provocó reveses significativos y desconfianza pública.

Además, la falta de marcos éticos integrales exacerba el potencial de abuso y mal uso de las tecnologías genéticas. En la lucha por lograr el dominio, las consideraciones éticas pueden quedar en un segundo plano, lo que lleva a acciones que podrían violar los derechos humanos y las normas internacionales. Por ejemplo, la perspectiva de crear soldados genéticamente mejorados plantea serias preguntas sobre el consentimiento, la autonomía y el potencial de coerción. Los soldados pueden ser presionados o incluso obligados a someterse a modificaciones genéticas, comprometiendo su capacidad de acción personal y sometiéndolos a riesgos desconocidos para la salud.

Además, no se comprenden del todo los riesgos ambientales y ecológicos asociados a las modificaciones genéticas. La introducción de organismos genéticamente modificados, incluidos los seres humanos, en diversos entornos podría tener efectos imprevistos en los ecosistemas y la biodiversidad. Estos cambios podrían ser irreversibles y tener consecuencias a largo plazo que actualmente no estamos preparados para gestionar.

Por último, no se pueden ignorar las ramificaciones geopolíticas de una carrera armamentista genética. A medida que los países compiten por la supremacía en las tecnologías genéticas, aumenta la probabilidad de tensiones y conflictos internacionales. Esta competencia podría conducir a una carrera armamentista desestabilizadora, en la que las naciones priorizarían las mejoras genéticas por sobre las soluciones diplomáticas y las medidas de seguridad cooperativas. La historia de la proliferación nuclear ofrece un paralelo aleccionador, que ilustra cómo la búsqueda del dominio tecnológico puede escalar hasta convertirse en crisis globales.

Si bien los beneficios potenciales de las tecnologías genéticas son sustanciales, la prisa por ser los primeros en el mundo en implementarlas conlleva riesgos significativos. La urgencia de los militares por lograr una ventaja estratégica debe equilibrarse con un enfoque cauteloso y ético en materia de investigación y desarrollo. Garantizar pruebas rigurosas, una supervisión ética integral y la cooperación internacional es esencial para aprovechar los beneficios de la ingeniería genética y mitigar al mismo tiempo sus peligros potenciales.

La tecnología CRISPR ofrece la posibilidad de diseñar soldados con una mayor resiliencia a los extremos ambientales, lo que amplía significativamente el alcance de las operaciones militares en climas hostiles. Si bien los obstáculos científicos y éticos son considerables, las ventajas estratégicas de estas capacidades la convierten en un área de investigación atractiva. A medida que avance la tecnología, será esencial abordar estos desafíos de manera reflexiva para aprovechar los beneficios y mitigar los riesgos.

Echemos un vistazo a otra posibilidad en el ámbito de los soldados CRISPR. La tecnología podría utilizarse para desarrollar biosensores avanzados, integrando los sistemas biológicos de los soldados con modificaciones genéticas de vanguardia para detectar y responder a agentes químicos o biológicos de manera más eficaz. Imaginemos un futuro en el que los soldados posean un sistema de alerta incorporado, una capacidad innata para detectar sustancias nocivas en su entorno antes de que puedan causar daño.

Estos biosensores modificados genéticamente podrían revolucionar la detección de agentes de guerra química al mejorar significativamente las capacidades sensoriales naturales de las células humanas. Por ejemplo, los receptores olfativos, responsables de nuestro sentido del olfato, podrían modificarse genéticamente para volverse hipersensibles a sustancias químicas peligrosas específicas, como el gas sarín o el gas mostaza. Esta mejora implicaría modificar el código genético de los receptores para aumentar su sensibilidad y especificidad a estas sustancias tóxicas.

Cuando estos receptores mejorados detectan incluso trazas de agentes químicos, pueden iniciar una respuesta biológica rápida. Esta detección puede activar una alerta inmediata dentro del cuerpo del soldado, que funciona como un sistema de alarma interno. Dicha alerta puede implicar la liberación de biomarcadores específicos en el torrente sanguíneo, que pueden ser detectados por monitores de salud portátiles. Estos monitores, integrados con algoritmos avanzados de IA, pueden analizar los datos de los biomarcadores en tiempo real y enviar una alerta instantánea tanto al soldado como a su centro de mando, asegurando una respuesta rápida y coordinada a la amenaza.

Además, estos biosensores podrían integrarse con otros sistemas de monitoreo fisiológico para proporcionar una imagen completa del entorno y el estado de salud del soldado. Por ejemplo, podrían funcionar en conjunto con sensores que midan signos vitales como la frecuencia cardíaca, la respiración y la temperatura corporal, ofreciendo una visión holística de la preparación del soldado y su exposición a condiciones peligrosas.

Además de detectar agentes nocivos, estos biosensores podrían iniciar una respuesta biológica para neutralizar la amenaza, transformando radicalmente las capacidades defensivas del organismo. Imaginemos un escenario en el que un soldado, al exponerse a una sustancia química tóxica, experimenta una activación automática de modificaciones genéticas diseñadas para contrarrestar la amenaza. Esto podría implicar la producción artificial de proteínas o enzimas específicas que descomponen rápidamente el compuesto nocivo en componentes no tóxicos, neutralizando eficazmente el peligro.

Por ejemplo, pensemos en un soldado que inhala un agente nervioso tóxico. Las medidas de protección tradicionales podrían incluir la evacuación inmediata y la administración de antídotos, lo que puede llevar mucho tiempo y no ser factible en el fragor de la batalla. Con biosensores avanzados, el cuerpo del soldado podría detectar la presencia del agente nervioso casi instantáneamente. Esta detección desencadenaría una cascada de respuestas genéticas, activando los genes responsables de producir enzimas que degradan el agente nervioso en moléculas inofensivas. Todo el proceso podría ocurrir en cuestión de segundos o minutos, lo que reduciría significativamente los efectos nocivos del agente.

Esta respuesta rápida y automática no sólo protegería al soldado individual, sino que también cumpliría una función protectora más amplia. Al neutralizar la sustancia tóxica en el punto de entrada, la respuesta biológica diseñada evitaría la propagación del agente a otras personas, reduciendo el riesgo de exposición secundaria a otros soldados y civiles. Esto podría ser especialmente crucial en espacios confinados o zonas pobladas, donde la propagación de agentes nocivos plantea una amenaza significativa.

Además, las implicaciones de esta tecnología van más allá de las amenazas químicas. Se podrían programar biosensores para detectar y responder a una variedad de peligros biológicos, incluidas bacterias y virus patógenos. Al identificar un agente infeccioso, el cuerpo del soldado podría iniciar la producción de proteínas antivirales o péptidos antibacterianos, combatiendo eficazmente la infección antes de que se instale. Este ataque preventivo contra los patógenos podría reducir drásticamente las tasas de infección y mejorar los resultados de supervivencia en el campo.

La integración de biosensores y respuestas biológicas diseñadas ejemplifica la convergencia de la biotecnología y la defensa. Pone de relieve un futuro en el que los soldados no sólo están protegidos por equipos externos, sino que están inherentemente equipados con defensas biológicas mejoradas. Esta innovación representa un cambio de paradigma en la estrategia militar, donde el propio cuerpo humano se convierte en una plataforma sofisticada para la defensa y la resiliencia, capaz de adaptarse y neutralizar una amplia gama de amenazas en tiempo real. Los beneficios potenciales de estos avances subrayan la importancia de la investigación y el desarrollo continuos en esta área, lo que promete una nueva era de protección de los soldados y seguridad en el campo de batalla.

Las posibles aplicaciones van más allá de la detección química y biológica. Imaginemos un futuro en el que los soldados posean capacidades visuales que van mucho más allá de lo que es posible actualmente. Mediante la aplicación de la tecnología CRISPR, los receptores visuales de los ojos podrían mejorarse genéticamente para detectar un espectro más amplio de luz, incluidos los rayos ultravioleta (UV) e infrarrojos (IR). Esta mejora permitiría a los soldados operar en condiciones que suelen ser difíciles, como la oscuridad total, el humo denso o incluso a través de obstáculos ambientales.

La visión ultravioleta mejorada en los soldados CRISPR sería posible gracias a la modificación genética de las células fotorreceptoras de la retina, que son las responsables de detectar la luz. La retina humana contiene dos tipos principales de células fotorreceptoras: bastones y conos. Los bastones son responsables de la visión en condiciones de poca luz, pero no detectan el color, mientras que los conos son responsables de la visión del color y funcionan mejor en condiciones de luz intensa. Los humanos normalmente tienen tres tipos de conos, cada uno sensible a diferentes longitudes de onda de luz correspondientes al azul, verde y rojo.

Para permitir la visión ultravioleta, se podría utilizar CRISPR para introducir o modificar genes que produzcan fotopigmentos sensibles a la luz ultravioleta. Los científicos empezarían por identificar y aislar genes de organismos que poseen visión ultravioleta de forma natural. Muchas aves, insectos y algunos mamíferos tienen fotopigmentos sensibles a la luz ultravioleta. Por ejemplo, ciertas especies de aves tienen un cuarto tipo de célula cónica que les permite ver la luz ultravioleta. Utilizando CRISPR-Cas9, estos genes sensibles a la luz ultravioleta podrían insertarse en el ADN de las células fotorreceptoras humanas. Esto implica la creación de un ARN guía (ARNg) que coincida con el sitio objetivo en el genoma humano donde se insertará el gen sensible a la luz ultravioleta. La enzima Cas9, guiada por el ARNg, realiza un corte preciso en el sitio objetivo. A continuación, se introduce una plantilla de ADN que contiene el gen sensible a la luz ultravioleta y los mecanismos naturales de reparación de la célula incorporan el nuevo gen al genoma a través de un proceso llamado reparación dirigida por homología (HDR).

El gen insertado debe expresarse correctamente en las células fotorreceptoras para producir el fotopigmento sensible a la luz ultravioleta. Los científicos se asegurarían de que el nuevo gen se integrara perfectamente en el marco genético existente de los conos, lo que permitiría la producción de la proteína sensible a la luz ultravioleta. Después de la modificación genética, se probaría la funcionalidad de los conos sensibles a la luz ultravioleta recién introducidos. Esto podría implicar experimentos tanto in vitro (en el laboratorio) como in vivo (en organismos vivos) para garantizar que las células modificadas respondan a la luz ultravioleta como se espera. Los modelos animales, como los ratones modificados genéticamente, a menudo se utilizan en experimentos iniciales para validar la funcionalidad y la seguridad de las nuevas células fotorreceptoras antes de considerar aplicaciones humanas.

La visión ultravioleta podría ayudar a los soldados a detectar amenazas o peligros ocultos que no son visibles en condiciones de luz normales. Por ejemplo, muchas sustancias emiten fluorescencia bajo la luz ultravioleta, que podría utilizarse para detectar agentes químicos o biológicos. La visión ultravioleta podría complementar otras mejoras visuales, como la infrarroja, permitiendo a los soldados ver en una gama más amplia de condiciones de iluminación sin depender de equipos externos. Sin embargo, existen importantes preocupaciones éticas y de seguridad. Las modificaciones genéticas, especialmente las que afectan a la visión humana, plantean cuestiones sobre el consentimiento, los posibles efectos a largo plazo y las implicaciones de crear seres humanos genéticamente mejorados. Integrar nuevos fotorreceptores en la compleja arquitectura del ojo humano es un desafío técnico. Garantizar que estas modificaciones no interfieran con la visión existente y que funcionen correctamente en el entorno altamente especializado de la retina es un gran obstáculo. Cualquier modificación genética destinada a su uso en seres humanos tendría que superar estrictos obstáculos regulatorios para garantizar su seguridad y eficacia. Esto implica extensas pruebas preclínicas y clínicas.

Al aprovechar la tecnología CRISPR, los científicos podrían, en teoría, introducir sensibilidad a los rayos ultravioleta en la visión humana, lo que podría crear soldados con capacidades visuales mejoradas. Sin embargo, el proceso implica una ingeniería genética compleja y una validación exhaustiva para garantizar que sea seguro y eficaz.

Por otra parte, la visión infrarroja podría otorgar a los soldados la extraordinaria capacidad de percibir señales térmicas. Esta capacidad avanzada les permitiría detectar enemigos ocultos por el calor de su cuerpo, incluso en total oscuridad o a través de una densa vegetación y humo, lo que haría que los métodos tradicionales de ocultación y camuflaje quedaran obsoletos. Al visualizar el calor emitido por los seres vivos, los soldados equipados con visión infrarroja podrían identificar amenazas que de otro modo permanecerían invisibles, lo que les proporcionaría una importante ventaja táctica en situaciones de combate.

Las aplicaciones de la visión térmica van mucho más allá de la mera detección del enemigo. En zonas de desastre, los soldados con visión infrarroja podrían localizar a los supervivientes atrapados bajo escombros o escombros detectando su calor corporal, lo que mejoraría significativamente la eficiencia y la velocidad de las operaciones de rescate. Esta tecnología también podría resultar inestimable en misiones de búsqueda y rescate en entornos difíciles, como bosques densos, terrenos montañosos o estructuras derrumbadas, donde las ayudas visuales convencionales fallan.

Además, la visión infrarroja podría emplearse para supervisar e identificar el sobrecalentamiento de maquinaria o vehículos, previniendo posibles fallos mecánicos o averías antes de que se produzcan. Este enfoque proactivo del mantenimiento podría mejorar la fiabilidad y la longevidad del equipo militar, reduciendo el riesgo de averías repentinas durante misiones críticas.

En diversos entornos operativos, la mejora de la conciencia situacional que proporciona la visión térmica podría ser un punto de inflexión. Los soldados podrían navegar a través de campos de batalla llenos de humo o áreas con poca visibilidad, manteniendo su orientación e identificando posibles peligros con facilidad. La capacidad de ver a través de obstrucciones ambientales también permitiría una planificación y ejecución más efectivas de maniobras tácticas, lo que daría a las fuerzas militares una clara ventaja tanto en operaciones ofensivas como defensivas.

La visión infrarroja podría mejorar aún más la coordinación y la comunicación dentro de las unidades militares. Al permitir que los soldados vean las señales térmicas de los demás, incluso en completa oscuridad, la cohesión y la sincronización de la unidad durante las operaciones nocturnas mejorarían significativamente. Esto podría conducir a estrategias de equipo más efectivas y a una reducción de los riesgos de incidentes de fuego amigo.

Más allá del campo de batalla, la integración de la visión térmica en aplicaciones civiles también es prometedora. Las fuerzas de seguridad podrían utilizar esta tecnología para rastrear sospechosos en entornos urbanos o vigilar grandes multitudes para detectar actividades inusuales. Los bomberos podrían beneficiarse de la visión infrarroja para navegar a través de edificios llenos de humo y localizar a personas que necesiten ser rescatadas, mientras que los trabajadores industriales podrían utilizarla para detectar equipos sobrecalentados y prevenir posibles peligros.

La implementación de la tecnología de visión infrarroja ofrece una multitud de beneficios en diversos campos. Para el personal militar, proporciona capacidades de detección mejoradas, operaciones de rescate mejoradas, mejor mantenimiento de los equipos y conocimiento superior de la situación. Sus posibles aplicaciones en sectores civiles subrayan aún más el impacto transformador de esta tecnología en la seguridad, la eficiencia y la eficacia operativa general.

Además, la integración de la visión ultravioleta e infrarroja podría mejorar la adquisición e identificación de objetivos, lo que permitiría a los soldados distinguir entre aliados y enemigos de manera más eficaz en condiciones caóticas y de baja visibilidad. Esta visión multiespectral también podría ayudar en la navegación y la coordinación durante las operaciones nocturnas, reduciendo la dependencia de dispositivos externos de visión nocturna y mejorando la eficacia general del combate.

De manera similar, los receptores auditivos podrían modificarse genéticamente para detectar un espectro más amplio de frecuencias de sonido, lo que mejoraría significativamente la capacidad de un soldado para percibir ruidos distantes o sutiles que podrían indicar la presencia del enemigo. Al ampliar el rango de frecuencias detectables, los soldados podrían escuchar sonidos de alta frecuencia emitidos por dispositivos electrónicos o vibraciones de baja frecuencia causadas por el movimiento, que de otro modo serían imperceptibles para el oído humano.

Esta mejora podría proporcionar una ventaja táctica en diversos escenarios de combate. Por ejemplo, los soldados con capacidades auditivas mejoradas podrían ser capaces de oír el leve zumbido de un dron distante, el susurro de las hojas que delata la aproximación sigilosa de un enemigo o incluso las comunicaciones susurradas de los adversarios en el edificio de al lado. Al distinguir estos sonidos del ruido de fondo del campo de batalla, los soldados mejorados podrían responder más rápidamente a las amenazas, preparando emboscadas, evitando ser detectados o coordinando sus movimientos de manera más efectiva.

Además, los receptores auditivos mejorados podrían ajustarse con precisión para filtrar frecuencias específicas asociadas con el ruido común del campo de batalla, como disparos o explosiones, reduciendo el riesgo de sobrecarga auditiva y permitiendo a los soldados mantener la concentración durante situaciones de combate intensas. Esta modificación genética también podría integrarse con sistemas de comunicación avanzados, ofreciendo un salto futurista en la tecnología de comunicación en el campo de batalla. Al incorporar genes específicos que mejoran las capacidades de interfaz neuronal, los soldados podrían tener conexiones directas y seguras a redes de comunicación sofisticadas. Esto les permitiría recibir y procesar mensajes de audio encriptados directamente a través de su sistema nervioso, evitando la necesidad de dispositivos tradicionales como radios o auriculares.

Un sistema de este tipo permitiría a los soldados recibir instrucciones y actualizaciones de inteligencia en tiempo real y cifradas que son completamente indetectables por los métodos convencionales de vigilancia e interceptación. Las mejoras genéticas podrían incluir receptores neuronales diseñados mediante bioingeniería y sintonizados con frecuencias específicas, lo que convertiría al cerebro del soldado en un centro de comunicación cifrado y vivo. Esto garantizaría que la información sensible permanezca segura incluso en los entornos más hostiles y de vigilancia intensiva.

Además, estas mejoras podrían permitir una comunicación fluida con otros soldados y centros de mando mejorados, creando un campo de batalla en red en el que cada agente esté conectado a través de un sistema de comunicación integrado biológicamente y de alta seguridad. Esta integración no sólo mejoraría la coordinación y los tiempos de respuesta, sino que también reduciría la carga cognitiva de los soldados al proporcionar información crítica de una manera más intuitiva y menos intrusiva. El potencial de esta tecnología subraya el interés de los militares en combinar los avances biológicos y tecnológicos para crear una nueva generación de soldados altamente capaces y conectados.

La investigación en este campo se centra en las capacidades auditivas de los animales conocidos por su capacidad auditiva excepcional, con el objetivo de descubrir las bases genéticas de estas habilidades y, potencialmente, transferir rasgos similares a los humanos. Por ejemplo, los murciélagos poseen una capacidad extraordinaria de ecolocalización, que les permite orientarse y cazar en completa oscuridad utilizando frecuencias ultrasónicas. Este sofisticado sistema de sonar biológico tiene sus raíces en sus genes auditivos especializados y sus vías neurológicas. La ecolocalización en los murciélagos implica la emisión de ondas sonoras de alta frecuencia que rebotan en los objetos y regresan en forma de ecos, lo que proporciona un mapa acústico detallado de su entorno.

Para lograr esta notable hazaña, los murciélagos han desarrollado un conjunto de genes especializados y sistemas auditivos de gran sensibilidad. Estas adaptaciones les permiten producir y detectar sonidos ultrasónicos que están mucho más allá del rango de audición humana. A nivel genético, los murciélagos poseen variantes únicas de genes involucrados en la audición y la producción de sonidos. Por ejemplo, los genes que codifican proteínas en el oído interno, como la prestina, están afinados para mejorar la sensibilidad a los sonidos de alta frecuencia. La prestina, una proteína motora en las células ciliadas externas de la cóclea, desempeña un papel crucial en la amplificación de las vibraciones del sonido, lo que permite a los murciélagos detectar incluso los ecos más débiles.

Neurológicamente, los murciélagos tienen cortezas auditivas muy desarrolladas que procesan estas frecuencias ultrasónicas con una precisión notable. Las vías neuronales del cerebro de un murciélago están específicamente adaptadas para interpretar los ecos rápidos y complejos que reciben durante el vuelo. Esto implica un sofisticado sistema de análisis de tiempo y frecuencia que permite a los murciélagos discernir el tamaño, la forma, la distancia e incluso la textura de los objetos de su entorno.

Al estudiar los mecanismos genéticos y fisiológicos que permiten a los murciélagos procesar sonidos de alta frecuencia, los científicos pueden identificar genes y proteínas clave responsables de su audición aguda. Las técnicas avanzadas en genómica y bioinformática permiten a los investigadores secuenciar y analizar el genoma de los murciélagos, identificando las variaciones genéticas que contribuyen a sus habilidades de ecolocalización. Los estudios funcionales, como la edición genética y el análisis de expresión, dilucidan aún más cómo estos factores genéticos se traducen en los rasgos fisiológicos observados en los murciélagos.

Esta investigación tiene implicaciones más amplias que van más allá de la comprensión de la biología de los murciélagos. Los conocimientos adquiridos a partir del estudio de la ecolocalización de los murciélagos pueden servir de base para el desarrollo de tecnologías avanzadas en diversos campos. Por ejemplo, los sistemas de sonares y sensores acústicos bioinspirados podrían mejorar las capacidades de navegación y detección en vehículos autónomos y robótica. Además, comprender la base genética de la ecolocalización puede conducir a nuevos tratamientos para las deficiencias auditivas en humanos, ya que proporciona un modelo para mejorar la función auditiva mediante enfoques genéticos y moleculares.

El estudio de la ecolocalización de los murciélagos es un ejemplo de cómo el estudio del mundo natural puede aportar información valiosa sobre genética y fisiología, con aplicaciones de gran alcance en la tecnología y la medicina. A través de la investigación interdisciplinaria, los científicos pueden aprovechar el poder de las innovaciones de la naturaleza para abordar desafíos complejos y mejorar la vida humana.

De manera similar, los elefantes son notables por su capacidad de comunicarse a través de infrasonidos, que consisten en ondas sonoras a frecuencias inferiores a las del oído humano. Estos sonidos de baja frecuencia pueden viajar largas distancias, lo que les permite comunicarse a lo largo de varios kilómetros. La base genética de esta capacidad única reside en la estructura y función de sus cuerdas vocales y oído interno. Al examinar los patrones genéticos que permiten a los elefantes producir y percibir infrasonidos, los investigadores pueden obtener información sobre las adaptaciones que hacen posible esta comunicación.

Para aprovechar estas capacidades en beneficio de los humanos, los científicos podrían utilizar técnicas como CRISPR para editar el genoma humano, introduciendo genes específicos que confieran capacidades auditivas mejoradas. Por ejemplo, al incorporar genes responsables de la sensibilidad a las frecuencias ultrasónicas que se encuentran en los murciélagos, los humanos podrían desarrollar la capacidad de percibir una gama más amplia de sonidos, mejorando su conciencia situacional y su comunicación en entornos donde la audición convencional es inadecuada. De manera similar, la integración de genes que permiten a los elefantes detectar infrasonidos podría mejorar las capacidades humanas para monitorear actividades sísmicas o mejorar la comunicación a larga distancia.

Más allá de las aplicaciones teóricas, las implicaciones prácticas de estas mejoras genéticas son enormes. El aumento de la capacidad auditiva podría beneficiar al personal militar, ya que mejoraría su capacidad para detectar amenazas, comunicarse de forma encubierta o desenvolverse en entornos complejos. En el contexto civil, las personas con una audición superior podrían destacar en campos como la música, la vigilancia o las operaciones de búsqueda y rescate. Además, estos avances podrían ayudar a las personas con discapacidad auditiva, ofreciendo nuevas vías de tratamiento y rehabilitación.

Sin embargo, esta línea de investigación también plantea importantes preocupaciones éticas y de seguridad. Los efectos a largo plazo de la introducción de genes extraños en el genoma humano aún son desconocidos, y la posibilidad de consecuencias no deseadas debe considerarse cuidadosamente. Los debates éticos en torno a la modificación genética, en particular en lo que respecta a la mejora de las capacidades humanas más allá de los límites naturales, requieren un escrutinio riguroso y marcos regulatorios sólidos para garantizar el desarrollo y la aplicación responsables de estas tecnologías. Al equilibrar la innovación científica con la responsabilidad ética, los investigadores pueden explorar el potencial de las mejoras genéticas al tiempo que salvaguardan la dignidad y el bienestar humanos.

Las implicaciones de estos avances son profundas y plantean interrogantes sobre el uso ético de las modificaciones genéticas en la guerra y los posibles efectos a largo plazo en la salud y el bienestar de los soldados. No obstante, la búsqueda de estas mejoras subraya la búsqueda continua de ampliar los límites del desempeño humano en el campo de batalla, aprovechando la ciencia de vanguardia para obtener una ventaja estratégica sobre los adversarios.

Estos avances en la tecnología de biosensores podrían mejorar enormemente la conciencia situacional y la capacidad de supervivencia en el campo de batalla. Al proporcionar a los soldados información precisa y en tiempo real sobre su entorno y las amenazas potenciales, estas mejoras podrían conducir a una toma de decisiones más informada y a reacciones más rápidas ante los peligros. Esta convergencia de la biología y la tecnología representa la próxima frontera en innovación militar, con el objetivo de crear soldados que no solo sean físicamente superiores, sino que también estén equipados con capacidades perceptivas mejoradas que superen con creces las de los humanos no modificados.

Las posibles aplicaciones de estos biosensores son amplias y variadas. Además de proteger a los soldados en el campo de batalla, podrían utilizarse en entornos civiles para protegerse contra el bioterrorismo o los accidentes industriales relacionados con materiales peligrosos. Al monitorear continuamente su entorno y responder a las amenazas en tiempo real, las personas equipadas con estos biosensores encarnarían un nuevo nivel de preparación y resiliencia biológica.

El desarrollo de esta tecnología requiere un enfoque multidisciplinario que combine los avances en ingeniería genética, biología sintética y bioinformática. Los investigadores tendrían que identificar los genes y vías clave que intervienen en la detección y respuesta sensorial, y luego diseñar estos componentes para que funcionen de una manera muy específica y controlada. Esto implicaría pruebas y optimización exhaustivas para garantizar que los biosensores sean eficaces y seguros.

También deben abordarse consideraciones éticas, en particular las relacionadas con el potencial de mal uso o consecuencias no deseadas. La idea de alterar la biología humana para crear supersoldados con capacidades sensoriales mejoradas plantea importantes cuestiones sobre el consentimiento, la equidad y los impactos a largo plazo en la salud humana y la sociedad.

El uso de CRISPR y otras tecnologías genéticas para desarrollar biosensores representa un avance revolucionario en la defensa militar y civil. Si dotáramos a las personas de la capacidad de detectar y responder a amenazas químicas y biológicas a nivel celular, podríamos mejorar enormemente nuestra preparación y resiliencia frente a los peligros emergentes. Sin embargo, será fundamental que se consideren y regulen cuidadosamente para garantizar que estos avances se utilicen de manera responsable y ética.

Esta necesidad de un uso responsable se ve subrayada por teorías conspirativas históricas y contemporáneas que resaltan los temores públicos sobre el mal uso de tecnologías avanzadas. Una de las teorías conspirativas más infames es el Proyecto Montauk, que alega que el gobierno de los EE. UU. llevó a cabo experimentos clandestinos en Camp Hero, una base militar fuera de servicio en Montauk, Nueva York. Según los defensores de esta teoría, estos experimentos eran parte de un programa encubierto destinado a ampliar los límites de las capacidades científicas y militares. Las supuestas actividades en Camp Hero incluían control mental, viajes en el tiempo y modificación genética de humanos para crear supersoldados.

Los partidarios del Proyecto Montauk afirman que estos experimentos se llevaron a cabo con participantes inconscientes, incluidos niños, y que se utilizó una tecnología muy avanzada que sigue sin revelarse al público. Las historias de sucesos extraños, como personas que supuestamente viajaban a través del tiempo o que exhibían habilidades mentales extraordinarias, son fundamentales en la tradición del Proyecto Montauk. Estos relatos a menudo se entrelazan con otras teorías conspirativas, lo que sugiere una red de programas gubernamentales secretos, todos ellos destinados a desarrollar capacidades sobrehumanas y la máxima superioridad militar.

A pesar de la falta de pruebas creíbles que sustenten estas extraordinarias afirmaciones, la historia del Proyecto Montauk ha persistido en la cultura popular. Ha inspirado numerosos libros y documentales que exploran las supuestas actividades y sus implicaciones. Uno de los impactos culturales más notables de la teoría de la conspiración del Proyecto Montauk es su influencia en la exitosa serie de televisión "Stranger Things". La premisa del programa de experimentos gubernamentales secretos, niños telequinéticos y dimensiones paralelas refleja las supuestas actividades en Camp Hero, lo que llevó el Proyecto Montauk a la conciencia general.

La fascinación que sigue despertando el Proyecto Montauk refleja una intriga social más amplia con la idea de agendas gubernamentales ocultas y el potencial de mejora humana. Ya sea a través de la modificación genética, tecnología avanzada u otros medios, el concepto de crear supersoldados apela a temores y aspiraciones profundamente arraigados sobre el futuro de la humanidad. Como sucede con muchas teorías conspirativas, el Proyecto Montauk sigue cautivando la imaginación, desdibujando la línea entre ficción y realidad y alimentando debates en curso sobre los límites de la experimentación científica y militar.

La persistencia de estas teorías conspirativas pone de relieve importantes preocupaciones éticas y jurídicas en relación con la investigación genética. La idea de que los gobiernos puedan participar en experimentos genéticos clandestinos plantea interrogantes sobre la supervisión, el consentimiento y el potencial de abuso. En 2015, un grupo de destacados científicos y especialistas en ética, entre ellos las pioneras de CRISPR Jennifer Doudna y Emmanuelle Charpentier, pidieron una moratoria mundial sobre la edición de la línea germinal humana hasta que se pudieran abordar las preocupaciones éticas y de seguridad. Este llamamiento subraya las aprensiones más amplias dentro de la comunidad científica sobre el potencial uso indebido de las tecnologías genéticas.

Los medios de comunicación desempeñan un papel crucial en la formación de la percepción pública de la ingeniería genética y sus aplicaciones militares. Los informes sensacionalistas y las representaciones ficticias de supersoldados contribuyen a la proliferación de teorías conspirativas. Películas como "Universal Soldier" y videojuegos como "Metal Gear Solid" muestran guerreros genéticamente mejorados, difuminando las fronteras entre la ciencia ficción y la realidad potencial. Estas representaciones pueden alimentar el miedo y la fascinación del público, creando un entorno en el que prosperan las teorías conspirativas.

Si bien es esencial abordar estas teorías conspirativas con escepticismo, es igualmente importante considerar las posibilidades realistas de mejoras genéticas en el ejército. El concepto de supersoldados no es del todo descabellado; el ejército estadounidense ha explorado abiertamente diversas tecnologías de mejora, incluidos exoesqueletos y potenciadores cognitivos. El programa "Interfaz cerebro-máquina" financiado por la DARPA, por ejemplo, tiene como objetivo desarrollar dispositivos que permitan la comunicación directa entre el cerebro y dispositivos externos, lo que podría mejorar las capacidades de los soldados.

Sin embargo, el salto de la investigación actual a la creación de supersoldados modificados mediante CRISPR implica numerosos desafíos científicos, éticos y logísticos. Las complejidades de la genética humana, combinadas con el potencial de consecuencias no deseadas, hacen que el escenario de soldados totalmente optimizados sea una posibilidad lejana en lugar de una realidad inminente.

Las teorías conspirativas sobre experimentos militares y supersoldados, aunque en gran medida especulativas, reflejan preocupaciones genuinas sobre el posible uso indebido de las tecnologías genéticas. Estas teorías sirven como advertencia, enfatizando la necesidad de transparencia, supervisión ética y diálogo público mientras navegamos por las aguas inexploradas de la ingeniería genética en contextos militares. A medida que avanzamos, es crucial equilibrar la búsqueda de avances científicos con la salvaguarda de los derechos humanos y los principios éticos.

En el siguiente capítulo, profundizaremos en las mejoras específicas que la tecnología CRISPR podría ofrecer potencialmente a los soldados, explorando tanto los avances científicos como la investigación en curso que podrían acercar estas teorías a la realidad.

CAPÍTULO 3.
MEJORANDO AL SOLDADO HUMANO

Siguiendo con el debate anterior sobre el contexto histórico y los intereses militares modernos en la tecnología genética, resulta evidente que las posibles aplicaciones de CRISPR en el ámbito militar son amplias y sin precedentes. La idea de mejorar genéticamente a los soldados plantea numerosas posibilidades, cada una con su propio conjunto de implicaciones. A medida que profundizamos en estas posibles mejoras, es importante examinar no solo la viabilidad científica, sino también el profundo impacto que estos avances podrían tener en la guerra y la sociedad.

Una de las aplicaciones más sencillas de CRISPR para mejorar el rendimiento de los soldados es su potencial para aumentar significativamente la fuerza y la resistencia físicas. Los avances en la investigación genética han revelado conocimientos clave sobre la base genética del crecimiento y la reparación muscular, lo que ofrece una vía prometedora para aplicaciones militares. Un elemento central de esta investigación es el gen MSTN, que codifica la miostatina, una proteína conocida por su papel en la inhibición del crecimiento muscular. La miostatina actúa como un freno natural al desarrollo muscular, garantizando que el crecimiento muscular no se produzca sin control. Sin embargo, en el contexto de la mejora del rendimiento de los soldados, la reducción o eliminación de la actividad de la miostatina podría producir beneficios sustanciales.

Los investigadores ya han logrado resultados notables en estudios con animales inhibiendo la miostatina, una proteína que inhibe el crecimiento muscular. Estos estudios han demostrado que los animales con niveles reducidos de miostatina muestran una masa muscular y una fuerza significativamente mayores. Por ejemplo, los ratones sin miostatina, a los que a menudo se denomina "ratones poderosos", desarrollan una masa muscular mucho mayor que la de sus homólogos normales, lo que les permite ostentar un físico significativamente más musculoso y fuerte. Estos "ratones poderosos" no solo muestran un mayor tamaño muscular, sino también capacidades físicas mejoradas, lo que los convierte en un excelente ejemplo del potencial de las modificaciones genéticas para mejorar los atributos físicos.

Se han observado resultados similares en animales más grandes, como el ganado vacuno y los perros. En el ganado vacuno, la inhibición de la miostatina produce una afección conocida como "doble musculatura", en la que los animales desarrollan músculos excepcionalmente grandes y bien definidos. Esta característica es muy valorada en la industria agrícola para producir carne más magra con mayor eficiencia. El ganado vacuno azul belga, una raza conocida por su mutación de la miostatina, presenta esta pronunciada hipertrofia muscular, lo que da como resultado un aumento significativo de la masa muscular en comparación con las razas de ganado estándar. El mayor rendimiento físico y el mayor crecimiento muscular en este ganado ilustran el profundo impacto que la inhibición de la miostatina puede tener en las características físicas de un organismo.

En los perros, en particular en razas como el whippet, una mutación que reduce la actividad de la miostatina ha dado lugar al desarrollo de animales excepcionalmente musculosos y ágiles. Estos perros, a los que a menudo se denomina "whippets bravucones", presentan una mayor masa muscular y fuerza, lo que se traduce en un rendimiento atlético superior. El mayor crecimiento muscular observado en estos perros demuestra el potencial de las modificaciones genéticas para alterar y mejorar significativamente las capacidades físicas de los mamíferos.

La sobrecrianza de perros, impulsada por la búsqueda de rasgos y apariencias físicas específicas, ha dado lugar a una serie de enfermedades y dolencias genéticas. Esta cuestión ofrece un paralelo cauteloso con los posibles peligros del uso excesivo de la edición genética en humanos. Ambos escenarios subrayan los riesgos de priorizar rasgos deseados sin comprender o considerar plenamente las implicaciones genéticas más amplias.

En el caso de los perros, las prácticas de crianza selectiva se han centrado a menudo en rasgos estéticos, como el color del pelaje, el tamaño y la forma del cuerpo. Este enfoque limitado ha llevado a una reducción de la diversidad genética y a la amplificación de genes recesivos dañinos. Por ejemplo, muchos perros de raza pura sufren enfermedades hereditarias como displasia de cadera, defectos cardíacos y problemas respiratorios. Los bulldogs, con sus caras distintivamente planas, son propensos al síndrome de las vías respiratorias braquicéfalas, que causa graves dificultades respiratorias. De manera similar, los pastores alemanes se ven afectados con frecuencia por la displasia de cadera debido a la exagerada angulación de sus patas traseras, que fue seleccionada por su apariencia en lugar de por su función.

Estos problemas de salud en los perros ponen de relieve los peligros de la manipulación genética sin una previsión exhaustiva. Los mismos principios se aplican al posible uso excesivo de la edición genética en humanos. CRISPR y otras tecnologías de edición genética ofrecen la promesa de eliminar enfermedades genéticas y mejorar los rasgos humanos. Sin embargo, la prisa por aplicar estas tecnologías podría conducir a consecuencias imprevistas, reflejando los problemas observados en la cría de perros.

Un riesgo importante es la reducción de la diversidad genética. De la misma manera que las razas de perros se han vuelto genéticamente uniformes, el uso generalizado de la edición genética para seleccionar rasgos humanos específicos podría reducir la variabilidad genética que es crucial para la resiliencia de nuestra especie. Esta falta de diversidad podría hacer que los humanos sean más susceptibles a nuevas enfermedades y cambios ambientales, ya que un acervo genético más reducido significa menos rasgos adaptativos.

Además, la búsqueda de rasgos "de diseño" en los seres humanos podría amplificar inadvertidamente mutaciones genéticas dañinas. La complejidad del genoma humano significa que la edición de un gen puede tener efectos en cascada sobre otros genes y sistemas biológicos. Esta interconexión podría conducir a la aparición de nuevos problemas de salud que actualmente son imprevistos. Por ejemplo, la edición de genes para mejorar la fuerza física o las capacidades cognitivas podría alterar involuntariamente otras funciones vitales, lo que daría lugar a nuevas formas de trastornos genéticos.

Las implicaciones éticas de la edición genética también reflejan las preocupaciones en el ámbito de la cría de perros. La cría selectiva de perros a menudo se ha llevado a cabo siguiendo criterios superficiales y arbitrarios, a veces a expensas del bienestar del animal. En los seres humanos, la presión para adaptarse a los ideales sociales de belleza, inteligencia o capacidad atlética podría conducir a dilemas éticos sobre qué constituye un rasgo "deseable". Esto podría exacerbar las desigualdades sociales y crear nuevas formas de discriminación contra quienes no están genéticamente mejorados.

Además, hay que tener en cuenta los efectos psicológicos y sociales de la edición genética. Así como los perros de raza pueden sufrir problemas de conducta debido a su origen genético, los seres humanos podrían enfrentarse a problemas de identidad y de salud mental si se utiliza la edición genética para imponer determinados rasgos. El conocimiento de que las capacidades y características de una persona han sido seleccionadas artificialmente podría afectar a la autoestima y a la dinámica social, lo que daría lugar a una serie de efectos psicológicos.

La sobrecría de perros y el posible uso excesivo de la edición genética en humanos comparten paralelismos significativos. Ambos ponen de relieve los peligros de manipular la genética sin comprender plenamente las consecuencias a largo plazo. Los problemas de salud observados en perros de raza pura sirven como un duro recordatorio de la importancia de mantener la diversidad genética y actuar con cautela en las intervenciones genéticas. Ahora que nos encontramos al borde de una nueva era en la ingeniería genética, es fundamental aprender de estas lecciones y abordar la edición genética humana con una perspectiva equilibrada y ética, asegurando que los beneficios no se produzcan a costa de dificultades genéticas y sociales imprevistas.

A pesar de estas advertencias, el éxito de los estudios en animales sobre modificación genética ha allanado el camino para explorar intervenciones similares en humanos. Al comprender y manipular las vías que regulan el crecimiento muscular, los investigadores pretenden desarrollar tratamientos para enfermedades que provocan pérdida de masa muscular, como la distrofia muscular, y potencialmente mejorar las capacidades físicas humanas. Los prometedores resultados de los modelos animales proporcionan una base sólida para futuras investigaciones, destacando el potencial de la inhibición de la miostatina para revolucionar el campo de la ingeniería genética y la mejora humana. Las implicaciones de estos hallazgos se extienden más allá de las aplicaciones médicas, y apuntan a un futuro en el que la mejora del rendimiento físico mediante la modificación genética podría convertirse en una realidad.

Además, la capacidad de mejorar los mecanismos de reparación muscular mediante modificaciones genéticas podría aumentar significativamente la resistencia y la resiliencia de los soldados. Además de la inhibición de la miostatina (un método bien conocido para promover el crecimiento muscular), los investigadores están explorando otras vías genéticas involucradas en la regeneración y reparación muscular. Una de esas áreas de estudio prometedoras es la activación de las células satélite, que son un tipo de células madre que se encuentran dentro del tejido muscular. Estas células desempeñan un papel crucial en la recuperación del tejido muscular, ya que son responsables de reparar y reconstruir las fibras musculares dañadas.

La mejora de la actividad de las células satélite mediante modificaciones genéticas podría revolucionar la forma en que los soldados se recuperan de las heridas. Al aumentar la capacidad regenerativa de estas células, es posible acelerar el proceso de curación, lo que permite que los soldados se recuperen de las heridas y el estrés físico más rápidamente. Esto no solo reduciría el tiempo de inactividad asociado con las lesiones, sino que también mejoraría la preparación y la eficacia generales de la misión. Los soldados podrían mantener una condición física óptima y recuperarse rápidamente de las tensiones del combate, lo que garantizaría que sigan estando listos para el combate incluso después de sufrir lesiones.

Además, las mejoras genéticas podrían diseñarse meticulosamente para aumentar la producción de factores de crecimiento específicos y proteínas que desempeñan papeles cruciales en la reparación y regeneración muscular. Entre estos, el factor de crecimiento similar a la insulina 1 (IGF-1) se destaca como un candidato principal debido a sus potentes efectos sobre el crecimiento y la recuperación muscular. El IGF-1 es una hormona natural que influye significativamente en el desarrollo muscular al estimular la síntesis de proteínas y aumentar la proliferación y diferenciación de las células musculares. Se ha estudiado ampliamente por su papel en la mejora de la hipertrofia muscular y la mejora de los procesos de curación después de una lesión.

Imaginemos un escenario en el que los soldados son modificados genéticamente para producir niveles elevados de IGF-1 en sus tejidos musculares. Esta modificación genética podría permitir que sus músculos crezcan más grandes y más fuertes a un ritmo acelerado en comparación con los humanos no modificados. El aumento de los niveles de IGF-1 no solo mejoraría la masa y la fuerza muscular, sino que también mejoraría la velocidad a la que los tejidos musculares se recuperan del estrés de la actividad física intensa y las lesiones. Esto significa que los soldados podrían soportar regímenes de entrenamiento más rigurosos y recuperarse más rápidamente del desgaste físico del combate, reduciendo el tiempo de inactividad y manteniendo la máxima preparación operativa.

Las implicaciones de estas modificaciones genéticas van más allá de la mera mejora del rendimiento muscular. Los soldados con una mayor producción de IGF-1 también podrían experimentar una mayor resistencia física general. La reparación y regeneración aceleradas de los tejidos musculares contribuirían a una recuperación más rápida de las heridas, lo que permitiría a estos soldados modificados genéticamente volver al campo de batalla más rápidamente después de sufrir lesiones. Esta rápida capacidad de curación podría ser un elemento decisivo en situaciones de combate, donde la capacidad de recuperarse rápidamente de un daño físico puede suponer la diferencia entre la vida y la muerte, la victoria y la derrota.

Además, las ventajas estratégicas de estas mejoras podrían ser profundas. Los ejércitos equipados con soldados que poseen capacidades físicas superiores y tiempos de recuperación más rápidos tendrían una ventaja significativa en enfrentamientos sostenidos. Estos soldados mejorados podrían llevar cargas más pesadas, atravesar terrenos difíciles con mayor facilidad y mantener altos niveles de rendimiento en condiciones extremas. La capacidad de recuperarse rápidamente también significaría que estos soldados podrían ser desplegados con mayor frecuencia y por períodos más prolongados, maximizando su utilidad y eficacia en diversas operaciones militares.

Al aprovechar el poder de CRISPR y otras tecnologías de edición genética, los investigadores están explorando las fronteras del potencial humano, con el objetivo de crear una nueva raza de guerreros con capacidades físicas incomparables. Estos avances, aunque todavía se encuentran en etapas experimentales, apuntan a un futuro en el que las modificaciones genéticas podrían redefinir los límites del rendimiento humano, ampliando los límites de lo que los soldados pueden lograr en el campo de batalla.

Otra línea de investigación prometedora es la manipulación de las redes genéticas que regulan la inflamación y la respuesta inmunitaria en los tejidos musculares. La inflamación es una parte natural y esencial del proceso de curación, que envía señales al cuerpo para que envíe células reparadoras a las zonas lesionadas. Sin embargo, la inflamación excesiva o prolongada puede ser perjudicial, ya que puede provocar una recuperación deficiente y enfermedades crónicas como la tendinitis y la artritis. Al ajustar las vías genéticas que controlan la inflamación, los científicos pretenden optimizar el proceso de curación, minimizando la inflamación dañina y promoviendo al mismo tiempo una reparación eficaz de los tejidos.

Uno de los genes clave que intervienen en este proceso es el NF-kB, un complejo proteico que desempeña un papel crucial en la regulación de la respuesta inmunitaria y la inflamación. La sobreactivación del NF-kB puede provocar una inflamación excesiva, lo que contribuye a dañar los tejidos y retrasar la cicatrización. Los investigadores están explorando formas de modular la actividad del NF-kB y otros genes relacionados para lograr una respuesta inflamatoria equilibrada. Esto podría implicar el uso de la tecnología CRISPR para editar con precisión las secuencias de ADN que controlan estos genes, reduciendo su actividad en casos de inflamación excesiva o mejorando su función cuando se necesita una respuesta más fuerte para una curación eficaz.

Además, los científicos están investigando el papel de las citocinas, pequeñas proteínas que actúan como moléculas de señalización en el sistema inmunológico. Se sabe que las citocinas como la interleucina-6 (IL-6) y el factor de necrosis tumoral alfa (TNF-α) están implicadas en la respuesta inflamatoria. Al manipular los genes que codifican estas citocinas, los investigadores esperan crear un entorno inflamatorio más controlado que favorezca la regeneración y reparación muscular. Por ejemplo, reducir la expresión de citocinas proinflamatorias y aumentar la producción de citocinas antiinflamatorias podría ayudar a acelerar el proceso de curación y prevenir el desarrollo de enfermedades inflamatorias crónicas.

Otro aspecto fundamental de esta investigación se centra en la intrincada relación entre la inflamación y las células madre musculares, comúnmente denominadas células satélite. Estas células satélite desempeñan un papel fundamental en la regeneración y reparación muscular, activándose en respuesta al daño muscular para proliferar y diferenciarse en fibras musculares maduras, facilitando así la recuperación y el crecimiento. Sin embargo, la inflamación crónica (una respuesta inflamatoria persistente y prolongada) puede perjudicar gravemente la funcionalidad de estas células satélite. Este deterioro se manifiesta como una reducción de la capacidad de proliferación y diferenciación, lo que en última instancia dificulta la recuperación y regeneración muscular efectivas.

Los científicos se están centrando ahora en identificar y manipular las vías genéticas que regulan tanto la inflamación como la actividad de las células satélite para contrarrestar estos efectos perjudiciales. Al obtener una comprensión más profunda de estas vías, los investigadores pretenden mejorar la capacidad regenerativa de las células satélite. Esto implica un enfoque doble: promover la expresión de genes que apoyan la proliferación y diferenciación de las células satélite y, al mismo tiempo, suprimir los genes que contribuyen a la inflamación crónica e inhiben la función de las células satélite.

Una estrategia prometedora es aumentar la expresión de citocinas antiinflamatorias y otras proteínas reguladoras que facilitan un entorno propicio para la actividad de las células satélite. Por ejemplo, genes como IL-10 y TGF-beta, que tienen propiedades antiinflamatorias, podrían ser el objetivo para reducir la inflamación y crear un entorno más favorable para la reparación muscular. Además, los investigadores están explorando formas de mejorar la expresión de factores de crecimiento como IGF-1 (factor de crecimiento similar a la insulina 1) y FGF (factor de crecimiento de fibroblastos), que se sabe que estimulan la proliferación y diferenciación de las células satélite.

Por otro lado, se están realizando esfuerzos para regular a la baja o inhibir la actividad de los genes y vías proinflamatorias que contribuyen a la inflamación crónica. Esto podría implicar dirigirse al NF-kB, un regulador clave de las respuestas inflamatorias, u otras citocinas proinflamatorias como el TNF-alfa y la IL-6, que suelen estar elevadas en las enfermedades inflamatorias crónicas y se sabe que perjudican la función de las células satélite.

Paralelamente a estos avances, el estudio de animales capaces de regenerar nuevas extremidades, como las salamandras y ciertas especies de lagartos, proporciona información valiosa sobre los mecanismos genéticos y celulares que subyacen a la regeneración. Estos animales poseen capacidades extraordinarias para regenerar tejidos complejos, como huesos, músculos, nervios y piel, después de una lesión. Al comprender estos procesos regenerativos naturales, los científicos pretenden aplicar principios similares a la medicina humana, utilizando potencialmente la tecnología CRISPR para permitir la regeneración de extremidades en soldados que han sufrido amputaciones relacionadas con el combate.

En las especies regenerativas, las lesiones desencadenan la activación de un tipo especializado de células madre conocidas como células blastémicas. Estas células proliferan y se diferencian en los diversos tipos de células necesarios para formar una nueva extremidad. La regeneración también implica vías de señalización complejas que guían el crecimiento y la diferenciación de las células. Las vías clave incluyen Wnt, FGF (factor de crecimiento de fibroblastos) y TGF-beta (factor de crecimiento transformante-beta), que desempeñan papeles cruciales en el desarrollo y la regeneración de los tejidos. A diferencia de los humanos, los animales regenerativos curan las heridas sin formar tejido cicatricial, que puede impedir el recrecimiento. Comprender cómo estos animales evitan las cicatrices puede ayudar a desarrollar estrategias para mejorar la regeneración de los tejidos humanos.

Al identificar los genes específicos que intervienen en la regeneración de las extremidades en animales, los científicos pueden utilizar CRISPR para editar los genes correspondientes en humanos. Por ejemplo, los genes que regulan la activación y proliferación de células madre podrían ser el objetivo para promover la formación de células similares al blastema en miembros amputados. CRISPR puede utilizarse para mejorar o activar las vías de señalización que son fundamentales para la regeneración. Por ejemplo, la regulación positiva de los genes en las vías Wnt y FGF podría estimular el crecimiento y la diferenciación de las células necesarias para la regeneración de las extremidades. Para imitar la curación sin cicatrices que se observa en animales regenerativos, CRISPR podría utilizarse para regular negativamente los genes implicados en la fibrosis y la formación de tejido cicatricial. Este enfoque tiene como objetivo crear un entorno más propicio para la regeneración del tejido.

Los investigadores podrían utilizar CRISPR para reprogramar las células existentes en el muñón de una extremidad amputada para que vuelvan a un estado más primitivo, similar al de las células madre, capaces de diferenciarse en varios tipos de células necesarias para la regeneración de la extremidad. Sin embargo, la complejidad de las extremidades humanas presenta un desafío importante, ya que las extremidades humanas son estructuras complejas con múltiples tipos de tejidos que necesitan regenerarse de manera coordinada. Garantizar que todos estos tejidos crezcan correctamente y se integren sin problemas sigue siendo un desafío importante. Además, el sistema inmunológico humano podría reaccionar a los tejidos recién formados, lo que podría provocar rechazo u otras complicaciones. Las estrategias para modular la respuesta inmunológica serán cruciales para una regeneración exitosa.

Actualmente se están llevando a cabo investigaciones para explorar la viabilidad de utilizar CRISPR para la regeneración de extremidades. Los científicos están realizando estudios en modelos animales para perfeccionar las técnicas de edición genética e identificar los objetivos más prometedores para mejorar las capacidades regenerativas. Es probable que los avances en biología de células madre, ingeniería de tejidos y medicina regenerativa complementen estos esfuerzos, allanando el camino para tratamientos innovadores que algún día podrían permitir a los soldados y civiles regenerar las extremidades perdidas después de lesiones graves. Al aprovechar los mecanismos regenerativos naturales observados en animales y aplicar la tecnología CRISPR de vanguardia, los investigadores esperan liberar el potencial de la regeneración de extremidades humanas, ofreciendo nuevas esperanzas para las personas afectadas por la pérdida de extremidades.

Las posibles aplicaciones de esta investigación van más allá de la recuperación de lesiones. Optimizar la respuesta inflamatoria también podría beneficiar a las personas con enfermedades inflamatorias crónicas y a quienes se someten a un entrenamiento físico intenso o rehabilitación. Para los atletas y el personal militar, esto podría significar tiempos de recuperación más rápidos, menor riesgo de lesiones crónicas y mejor rendimiento general. En el contexto de la ingeniería genética, manipular los genes de la inflamación y la respuesta inmunitaria podría ser un componente clave para crear soldados mejorados capaces de soportar las exigencias físicas de la guerra moderna.

La integración de estas modificaciones genéticas avanzadas podría dar lugar a soldados que no sólo posean atributos físicos mejorados, sino que también exhiban una resistencia y una resistencia notables. Esto podría cambiar fundamentalmente la dinámica de los enfrentamientos militares, ya que los soldados mejorados serían capaces de soportar mayores desafíos físicos, recuperarse rápidamente de las lesiones y sostener operaciones prolongadas con un tiempo de inactividad mínimo. Las implicaciones de estos avances son profundas y podrían dar a los ejércitos una ventaja estratégica al mantener una fuerza de combate altamente capaz y robusta.

Más allá de las aplicaciones inmediatas en el campo de batalla, el potencial de CRISPR para mejorar las capacidades físicas podría revolucionar los programas de entrenamiento militar. Los soldados podrían someterse a modificaciones genéticas al comienzo de su entrenamiento, optimizando su desarrollo físico para cumplir con las rigurosas demandas del servicio militar. Esto podría dar como resultado una nueva generación de soldados que no solo sean más fuertes y resistentes, sino también más resistentes a las tensiones físicas del combate.

Un área de interés clave en este contexto es la mejora de la velocidad y los reflejos, atributos esenciales en las operaciones militares que a menudo determinan el resultado de enfrentamientos de alto riesgo. La capacidad de reaccionar con rapidez y moverse con agilidad puede ser la diferencia entre la vida y la muerte en el campo de batalla. Un gen que ha atraído una atención significativa en este contexto es el ACTN3, comúnmente conocido como el "gen del velocista". Este gen es conocido por su papel en la mejora del rendimiento muscular, en particular en atletas de élite que se destacan en el sprint y los movimientos explosivos.

Las investigaciones han demostrado que las variaciones en el gen ACTN3 pueden influir en la composición de las fibras musculares, favoreciendo el desarrollo de fibras de contracción rápida que son cruciales para explosiones de actividad rápidas y potentes. Al actuar sobre este gen y modificarlo, los científicos podrían crear soldados con capacidades de carrera significativamente mejoradas y tiempos de reacción más rápidos. Tales modificaciones genéticas podrían traducirse en una formidable ventaja táctica, permitiendo a estos soldados mejorados superar en maniobras y velocidad a sus adversarios en varios escenarios de combate.

Imaginemos un campo de batalla en el que soldados modificados genéticamente pudieran atravesar terreno abierto a una velocidad increíble, acortando rápidamente la distancia entre ellos y sus objetivos. Estos soldados podrían ejecutar ataques rápidos, realizar maniobras evasivas y reposicionarse con una eficacia sin igual. En combate cuerpo a cuerpo, sus reflejos mejorados les permitirían responder a las amenazas casi instantáneamente, esquivando ataques y contraatacando con acciones precisas y decisivas.

Además, las implicaciones van más allá del desempeño individual. Las unidades compuestas por soldados con una velocidad y unos reflejos genéticamente mejorados podrían operar con mayor sincronización y eficacia. Los movimientos rápidos y coordinados podrían facilitar maniobras tácticas complejas, como flanquear posiciones enemigas o llevar a cabo misiones de extracción rápidas bajo fuego enemigo. La mayor velocidad también sería ventajosa en las operaciones de rescate, ya que permitiría a los soldados llegar a los compañeros heridos y evacuarlos con mayor rapidez.

Los posibles beneficios de las modificaciones genéticas van mucho más allá de los enfrentamientos físicos en el campo de batalla. Unos reflejos mejorados y unos tiempos de reacción más rápidos podrían mejorar significativamente el rendimiento en diversas situaciones de alta presión. Por ejemplo, los pilotos que operan aeronaves avanzadas podrían beneficiarse de una mayor capacidad cognitiva y motora, lo que les permitiría tomar decisiones en fracciones de segundo con mayor exactitud y precisión. Esto podría mejorar su capacidad para realizar maniobras aéreas complejas, participar en combates aéreos y responder rápidamente a las amenazas, lo que en última instancia aumentaría sus tasas de supervivencia y el éxito de sus misiones.

Además de pilotar aeronaves, estas mejoras podrían resultar invaluables para operar sistemas de armas avanzados. Los soldados con reflejos y velocidades de procesamiento mejorados genéticamente podrían manejar tecnología sofisticada con facilidad, asegurando una selección más precisa de objetivos y un uso más efectivo de sistemas complejos como redes de defensa de misiles, vehículos aéreos no tripulados (UAV) y herramientas de guerra cibernética. Esto podría proporcionar una ventaja estratégica al permitir respuestas más rápidas y eficientes a las acciones enemigas, reduciendo el riesgo de errores y maximizando la efectividad de las operaciones militares. Los soldados con estas mejoras estarían mejor equipados para manejar las demandas de la guerra moderna, donde las decisiones en fracciones de segundo y las respuestas rápidas son a menudo cruciales.

Más allá de las mejoras físicas, las capacidades cognitivas representan un área de interés importante para las aplicaciones militares de la tecnología genética. Un enfoque particular es el gen NR2B, que codifica una subunidad del receptor NMDA en el cerebro, crucial para la plasticidad sináptica, el aprendizaje y la memoria. Los estudios en animales han demostrado que la sobreexpresión de NR2B puede mejorar significativamente la memoria y las capacidades de aprendizaje.

Si estos hallazgos se pueden trasladar a los seres humanos, los soldados con funciones cognitivas mejoradas podrían procesar la información con mayor rapidez, tomar decisiones más rápidas y retener información táctica y de entrenamiento crucial con mayor eficacia. Esta mejora genética podría revolucionar la eficacia de las pequeñas unidades militares, donde la rapidez de pensamiento y la adaptabilidad son fundamentales.

Las capacidades cognitivas mejoradas permitirían a los soldados anticipar mejor los movimientos del enemigo, ajustar estrategias sobre la marcha y operar de manera más autónoma en entornos complejos y que cambian rápidamente. Por ejemplo, en situaciones de combate de alto estrés, la capacidad de procesar información sensorial con rapidez y precisión podría ser la diferencia entre la vida y la muerte. La mejora de la memoria y las capacidades de aprendizaje significarían que los soldados podrían integrar y aplicar de manera más eficaz técnicas de entrenamiento avanzadas, incluidas tácticas complejas y nuevas tecnologías.

Además, estas mejoras cognitivas podrían facilitar una mejor coordinación y comunicación dentro de las unidades. Los soldados con funciones cognitivas superiores podrían ser mejores a la hora de comprender y ejecutar órdenes complejas, interpretar datos del campo de batalla y compartir información crítica con sus camaradas en tiempo real. Esto conduciría a operaciones de unidad más cohesionadas y eficaces, en las que cada miembro comprendería plenamente su papel y la estrategia general.

Además, las implicaciones de las mejoras cognitivas se extienden mucho más allá del campo de batalla. Los soldados con capacidades cognitivas mejoradas podrían desempeñar funciones especializadas que exigen altos niveles de concentración, habilidades avanzadas de resolución de problemas y capacidades de planificación estratégica. Estas mejoras podrían revolucionar áreas como el análisis de inteligencia, la guerra cibernética y la logística, donde la capacidad de procesar e interpretar grandes cantidades de información con rapidez y precisión es crucial.

En el análisis de inteligencia, por ejemplo, las funciones cognitivas mejoradas podrían permitir a los soldados examinar grandes cantidades de datos a velocidades sin precedentes, identificando patrones y conexiones que podrían pasar desapercibidos para individuos no mejorados. Esta capacidad es vital en una era en la que la sobrecarga de información puede impedir una toma de decisiones eficaz. Los analistas mejorados podrían proporcionar evaluaciones de inteligencia oportunas y precisas, lo que contribuiría a operaciones militares más informadas y estratégicas. La capacidad de procesar rápidamente imágenes satelitales, comunicaciones interceptadas y otras fuentes de inteligencia podría dar a los líderes militares una ventaja decisiva en la planificación y ejecución de misiones.

En el ámbito de la guerra cibernética, las mejoras cognitivas podrían ser un punto de inflexión. Las operaciones cibernéticas suelen exigir rapidez de pensamiento y adaptabilidad, así como la capacidad de anticipar y contrarrestar las tácticas cibernéticas del enemigo. Las funciones cognitivas mejoradas podrían permitir a los soldados desarrollar algoritmos más sofisticados, detectar y responder a las amenazas cibernéticas en tiempo real y gestionar sistemas complejos de defensa cibernética con mayor eficiencia. La capacidad de pensar mejor que los adversarios en el ámbito digital podría ser tan crucial como la superioridad física en el campo de batalla.

La logística, piedra angular de las operaciones militares, también podría beneficiarse considerablemente de las mejoras cognitivas. Gestionar las cadenas de suministro, coordinar el transporte y garantizar la entrega oportuna de los recursos son tareas complejas que requieren una planificación y una ejecución meticulosas. La mejora de las capacidades cognitivas podría mejorar la eficiencia logística al optimizar las rutas, predecir las necesidades de suministro en función de las condiciones dinámicas del campo de batalla y agilizar la distribución de los recursos. Esto podría dar lugar a cadenas de suministro más resistentes y adaptables, lo que reduciría el riesgo de fallos logísticos que podrían poner en peligro las misiones.

Además, las mejoras cognitivas podrían mejorar la toma de decisiones bajo presión. Los soldados que ocupan puestos de mando a menudo tienen que tomar decisiones rápidas en entornos de mucho estrés, donde lo que está en juego es increíblemente importante. Las funciones cognitivas mejoradas podrían mejorar su capacidad para evaluar situaciones, sopesar opciones y tomar decisiones acertadas con rapidez. Esto podría mejorar las tasas generales de éxito de las misiones y reducir la probabilidad de errores costosos.

Para lograr mejoras cognitivas, los científicos necesitarían identificar y apuntar a genes específicos como el BDNF (Brain-Derived Neurotrophic Factor), que desempeña un papel crucial en la neuroplasticidad, la capacidad del cerebro para reorganizarse mediante la formación de nuevas conexiones neuronales. Mejorar la expresión del BDNF puede mejorar el aprendizaje, la memoria y la flexibilidad cognitiva. La COMT (Catecol-O-Metiltransferasa) afecta la descomposición de la dopamina en la corteza prefrontal, influyendo en funciones cognitivas como la memoria de trabajo y la función ejecutiva. Modificar la actividad de la COMT podría mejorar estos aspectos cognitivos. GRIN2B (Glutamate Ionotropic Receptor NMDA Type Subunit 2B) está involucrado en la plasticidad sináptica y la formación de la memoria, por lo que mejorar su expresión podría conducir a una mejora del aprendizaje y la memoria. NRG1 (Neuregulin 1) está involucrado en el desarrollo y la plasticidad sinápticos, y alterar su expresión puede mejorar las capacidades cognitivas al promover mejores conexiones sinápticas. FOXP2 (Forkhead Box P2) está asociado con el lenguaje y el procesamiento del habla, y mejorar su expresión podría potencialmente mejorar las habilidades de adquisición y procesamiento del lenguaje.

El proceso de uso de CRISPR implica el diseño de un ARN guía (gRNA) que coincida con la secuencia de ADN específica del gen objetivo. El gRNA dirige el complejo CRISPR-Cas9 a la ubicación precisa en el genoma. El gRNA se combina con la proteína Cas9, que actúa como una tijera molecular para cortar el ADN en el sitio objetivo. Una vez que se corta el ADN, se activan los mecanismos naturales de reparación de la célula. Si el objetivo es mejorar la función del gen, se puede introducir una plantilla de ADN con la secuencia deseada para guiar el proceso de reparación a través de una reparación dirigida por homología. Esta plantilla podría incluir secuencias que aumenten la expresión o la función del gen objetivo. CRISPR podría usarse para introducir secuencias que potencien la expresión del gen o para inhibir la actividad del gen.

Para mejorar las funciones cognitivas, se podría utilizar CRISPR para regular positivamente el BDNF mediante la inserción de secuencias promotoras que aumenten su expresión, mejorando así la neuroplasticidad, el aprendizaje y la memoria. En el caso de la COMT, CRISPR podría crear una variante del gen asociado con una degradación más lenta de la dopamina, lo que daría como resultado una mejor memoria de trabajo y función ejecutiva. Mejorar la expresión de GRIN2B podría mejorar la plasticidad sináptica y la formación de la memoria, mientras que el uso de CRISPR para insertar elementos reguladores que mejoren la expresión de NRG1 podría promover mejores conexiones sinápticas y el rendimiento cognitivo. Mejorar la expresión de FOXP2 mediante CRISPR podría mejorar el procesamiento del lenguaje y las habilidades de comunicación.

Los posibles beneficios de la mejora cognitiva mediante la modificación genética ponen de relieve una nueva frontera en la ciencia militar, en la que los límites de la capacidad humana se amplían continuamente. Sin embargo, las implicaciones éticas de dichas mejoras deben considerarse cuidadosamente. La perspectiva de crear soldados con funciones cognitivas mejoradas plantea interrogantes sobre el consentimiento, el potencial de abuso y los efectos a largo plazo en los individuos y la sociedad.

La resiliencia al estrés y la fatiga es otro factor crucial para los soldados en combate. La guerra moderna a menudo exige períodos prolongados de alerta y rendimiento en condiciones extremas, donde la capacidad de mantener la agudeza mental y la resistencia física puede significar la diferencia entre el éxito y el fracaso. Los genes asociados con los ritmos circadianos y las respuestas al estrés, como CLOCK y NR3C1, han surgido como objetivos prometedores para la mejora genética.

El término "gen del reloj" hace referencia a un grupo de genes, entre los que se incluyen CLOCK, BMAL1, PER1, PER2, PER3, CRY1 y CRY2, que desempeñan un papel crucial en la regulación de los ritmos circadianos. Estos ritmos influyen en los patrones de sueño-vigilia, la liberación de hormonas, la temperatura corporal y otras funciones vitales. Al interactuar en un circuito de retroalimentación, estos genes mantienen el reloj interno del cuerpo, sincronizándolo con señales ambientales externas como la luz y la oscuridad.

El uso de la tecnología CRISPR para manipular los genes del reloj en los soldados podría ofrecer beneficios significativos, en particular para aquellos que participan en misiones que alteran los patrones normales de sueño, como operaciones nocturnas, vuelos de larga duración o despliegues en entornos extremos. Mejorar o modular la función de los genes del reloj podría ayudar a los soldados a adaptarse más rápidamente a los cambios de husos horarios y al trabajo por turnos, reduciendo el impacto del jet lag y mejorando el rendimiento cognitivo y el estado de alerta durante misiones nocturnas u operaciones prolongadas. Además, mejorar la función de ciertos genes del reloj podría aumentar la eficiencia del sueño, lo que permitiría a los soldados lograr un sueño reparador más rápidamente, lo que es crucial en situaciones de combate donde los períodos de descanso son limitados.

Además, una regulación más precisa de los ritmos circadianos podría ayudar a optimizar el momento del máximo rendimiento físico y cognitivo, garantizando así que los soldados estén en su mejor forma durante las fases críticas de una misión. Una mejor sincronización de los ritmos circadianos también podría ayudar a reducir el estrés y mejorar la resiliencia ante los desafíos psicológicos y fisiológicos del combate.

Por ejemplo, el gen CLOCK codifica una proteína que forma un complejo con otra proteína codificada por BMAL1, que luego activa la transcripción de otros genes del reloj, como PER y CRY. Al utilizar CRISPR para mejorar la expresión de CLOCK o BMAL1, los científicos podrían estabilizar los ritmos circadianos, mejorando la calidad y la duración del sueño.

Sin embargo, la manipulación de los genes del reloj conlleva riesgos importantes y consideraciones éticas. La alteración de los ritmos circadianos naturales puede tener consecuencias no deseadas, como trastornos metabólicos, alteraciones del estado de ánimo y deterioro de la función inmunitaria. Los efectos a largo plazo de estas modificaciones genéticas no se comprenden del todo y existe el riesgo de que se produzcan efectos no deseados cuando se editan genes no deseados, lo que conduce a resultados impredecibles.

Desde el punto de vista ético, la manipulación de los genes del reloj plantea dudas sobre el consentimiento, la autonomía y la posibilidad de coerción. Los soldados podrían sentirse presionados a someterse a modificaciones genéticas para cumplir con las exigencias militares, lo que genera dilemas éticos sobre la libertad personal y el derecho a rechazar tales intervenciones.

De manera similar, el gen NR3C1, que codifica el receptor de glucocorticoides, es fundamental para la respuesta del cuerpo al estrés. Los glucocorticoides, incluido el cortisol, son hormonas que ayudan a regular el metabolismo, la respuesta inmunitaria y las reacciones al estrés. Estas hormonas son cruciales para movilizar energía, suprimir la inflamación y mantener la homeostasis durante situaciones estresantes. Cuando el cuerpo percibe estrés, el hipotálamo libera la hormona liberadora de corticotropina (CRH), que a su vez desencadena la liberación de la hormona adrenocorticotrópica (ACTH) de la glándula pituitaria. A continuación, la ACTH estimula la corteza suprarrenal para que libere glucocorticoides.

La mejora de la función del gen NR3C1 podría potencialmente amplificar la sensibilidad y eficiencia de los receptores de glucocorticoides, lo que llevaría a una respuesta al estrés más efectiva. Esta modificación genética podría dar como resultado que los soldados tuvieran una mayor capacidad para mantener la calma y la concentración en situaciones de alta presión. Con una señalización de glucocorticoides más eficiente, los soldados podrían manejar mejor los impactos fisiológicos del estrés, manteniendo la función cognitiva y la capacidad de toma de decisiones incluso en situaciones de extrema presión.

Además, una mejor función de los receptores de glucocorticoides podría conducir a tiempos de recuperación más rápidos tras situaciones estresantes. Esto significa que los soldados no solo tendrían un mejor rendimiento durante situaciones de mucho estrés, sino que también se recuperarían más rápidamente después, lo que reduciría el costo acumulativo que el estrés prolongado puede tener sobre el cuerpo. Esto podría ser particularmente beneficioso en escenarios de combate donde los soldados están expuestos a factores estresantes intensos y repetidos.

Otro beneficio potencial significativo es la reducción de la probabilidad de sufrir trastornos relacionados con el estrés, como la ansiedad y la depresión. El estrés crónico es un factor de riesgo conocido para estas afecciones, y mejorar la capacidad del cuerpo para manejar y recuperarse del estrés podría mitigar este riesgo. Los estudios han demostrado que las personas con vías de señalización de glucocorticoides más robustas son menos susceptibles a los trastornos del estado de ánimo inducidos por el estrés. Al mejorar la función del gen NR3C1, podría ser posible reforzar la resiliencia de la salud mental de los soldados, brindándoles una protección contra los impactos psicológicos del combate y el estrés prolongado.

Además de estos beneficios para la salud mental, una mayor resiliencia al estrés podría mejorar la salud física general. El estrés crónico se ha relacionado con numerosos problemas de salud, como enfermedades cardiovasculares, debilitamiento de la función inmunitaria y trastornos metabólicos. Al mejorar la respuesta del cuerpo al estrés, los soldados podrían mantener una mejor salud general, reducir el tiempo de inactividad debido a enfermedades y mejorar el bienestar a largo plazo.

Imaginemos esta historia hipotética sobre un francotirador militar llamado Jake. Una noche, Jake y su equipo fueron enviados a una misión crítica en lo profundo del territorio enemigo. La operación requería que permanecieran despiertos, alertas y sin ser detectados durante más de 48 horas, esperando el momento perfecto para atacar. A medida que pasaban las horas, los genes de reloj mejorados de Jake lo mantenían alerta y concentrado. Su equipo dependía de sus instrucciones precisas y de su calma inquebrantable, ambos productos de su gen NR3C1 mejorado.

Cuando finalmente llegó el momento de disparar, la visión mejorada y los reflejos de Jake, gracias a los ritmos circadianos optimizados, garantizaron que diera en el blanco con una precisión milimétrica. La misión fue un éxito y el equipo se escapó sin incidentes.

Al modificar estos genes, el ejército también podría desarrollar soldados que no solo sean más resistentes a las tensiones físicas y psicológicas del combate, sino que también requieran menos tiempo de descanso y recuperación. Esta mejora genética podría producir una fuerza que esté siempre lista y sea capaz de mantener un alto rendimiento en las condiciones más exigentes. Imaginemos un escenario en el que los soldados puedan operar durante días seguidos sin caídas significativas en el rendimiento, manteniendo una capacidad de toma de decisiones precisa y una destreza física incluso en los entornos más hostiles.

Además, las implicaciones de estas modificaciones genéticas van más allá de la preparación inmediata para el combate. Una mayor resistencia al estrés y unos ritmos circadianos alterados también podrían mejorar la salud general y la longevidad, reduciendo los impactos a largo plazo del servicio en los cuerpos y las mentes de los soldados. Esto no sólo beneficiaría a las operaciones militares, sino también al bienestar de los miembros del servicio durante y después de sus carreras militares.

A medida que exploramos estas posibilidades, se hace evidente que la línea entre humanos y máquinas comienza a difuminarse. La integración de mejoras genéticas con tecnologías cibernéticas podría crear soldados que no solo estén genéticamente optimizados, sino también mejorados con tecnología avanzada. Esta convergencia de biología y tecnología podría redefinir lo que significa ser un soldado, planteando más preguntas sobre la naturaleza de la humanidad y la ética de crear individuos mejorados para fines bélicos.

Al concluir esta sección, queda claro que, si bien las mejoras genéticas potenciales para los soldados presentan oportunidades notables, también traen consigo desafíos éticos y prácticos importantes. Estas mejoras podrían revolucionar las capacidades militares, pero deben implementarse con una comprensión profunda de las consecuencias y un compromiso con los principios éticos. En el futuro, exploraremos los dilemas éticos y morales más amplios que plantean estos avances y cómo se relacionan con nuestra comprensión de la humanidad y los valores sociales.

Capítulo 4.
Dilemas éticos y morales

A medida que profundizamos en el ámbito de las modificaciones genéticas en humanos, no podemos ignorar las profundas cuestiones éticas que surgen. La promesa de la tecnología CRISPR es, sin duda, transformadora, ya que ofrece el potencial de erradicar enfermedades genéticas, mejorar las capacidades humanas y tal vez incluso prolongar la vida. Sin embargo, estas posibilidades conllevan importantes consideraciones morales y éticas que la sociedad debe abordar.

Uno de los principales dilemas éticos es el concepto de "jugar a ser Dios". Esta noción gira en torno a la cuestión fundamental de si los seres humanos deberían tener el poder de alterar su composición genética a voluntad. Históricamente, la humanidad ha buscado mejorarse a sí misma por diversos medios: la medicina, la educación y la tecnología. Sin embargo, la modificación genética representa un cambio de paradigma, que permite cambios en el nivel más básico de la existencia humana.

El potencial para eliminar enfermedades hereditarias es innegablemente positivo. Por ejemplo, la tecnología CRISPR ha demostrado ser muy prometedora en el tratamiento de diversas enfermedades genéticas, como la anemia falciforme y la fibrosis quística, y ofrece esperanzas de cura para enfermedades que antes no tenían tratamiento. En 2019, unos científicos fueron noticia al utilizar CRISPR para tratar a un paciente con anemia falciforme, lo que marcó un hito importante en la historia de la medicina. Este procedimiento innovador implicó extraer células madre hematopoyéticas del paciente, editarlas fuera del cuerpo utilizando CRISPR para corregir el gen defectuoso responsable de la anemia falciforme y luego reintroducir estas células modificadas en el torrente sanguíneo del paciente. Las células editadas pudieron producir glóbulos rojos sanos, lo que alivió significativamente los síntomas de la enfermedad.

El éxito de este tratamiento no solo le dio una nueva oportunidad de vida al paciente, sino que también demostró el potencial transformador de las terapias basadas en CRISPR. Este enfoque ofrece una solución más precisa y permanente en comparación con los tratamientos tradicionales, que se centran principalmente en controlar los síntomas en lugar de abordar la causa raíz de los trastornos genéticos.

De manera similar, la técnica CRISPR se ha utilizado para atacar las mutaciones genéticas que causan la fibrosis quística, una enfermedad debilitante que afecta los pulmones y el sistema digestivo. Al corregir el gen CFTR defectuoso en las células afectadas, los investigadores pretenden restablecer la función normal y prevenir las complicaciones graves asociadas con la enfermedad. Los primeros experimentos en entornos de laboratorio y modelos animales han mostrado resultados prometedores, allanando el camino para futuros ensayos clínicos y posibles tratamientos para pacientes que sufren fibrosis quística.

Estos avances en la tecnología CRISPR representan un cambio de paradigma en el campo de la medicina genética, ofreciendo nuevas posibilidades para curar enfermedades genéticas en su origen. A medida que los investigadores continúan perfeccionando estas técnicas y ampliando sus aplicaciones, la esperanza es que CRISPR se convierta en una herramienta estándar en la lucha contra una amplia gama de trastornos genéticos, transformando en última instancia el panorama de la medicina moderna y mejorando las vidas de millones de personas en todo el mundo. Sin embargo, esta capacidad también plantea el espectro de la eugenesia: la controvertida idea de criar selectivamente a seres humanos para mejorar los rasgos deseables y eliminar los indeseables.

La oscura historia de la eugenesia, en particular a principios del siglo XX, sirve como advertencia para reflexionar sobre la arrogancia científica y el fracaso moral. Los programas eugenésicos en países como Estados Unidos y Alemania llevaron a prácticas horribles, incluidas esterilizaciones forzadas y la persecución sistemática de individuos considerados "no aptos". Estas acciones se justificaban por la creencia profundamente errónea y peligrosa de que la sociedad podía mejorarse erradicando ciertos rasgos y poblaciones. En Estados Unidos, el movimiento eugenésico llevó a la esterilización forzada de decenas de miles de personas, a menudo dirigidas a personas con enfermedades mentales, discapacidades y otros grupos marginados. El caso Buck v. Bell de la Corte Suprema en 1927 confirmó notoriamente la constitucionalidad de estas esterilizaciones, y el juez Oliver Wendell Holmes Jr. declaró: "Tres generaciones de imbéciles son suficientes".

En Alemania, la ideología eugenésica fue la base de las atrocidades del régimen nazi, incluido el genocidio de millones de personas durante el Holocausto. Los nazis implementaron su propio y brutal programa eugenésico, que incluía la esterilización forzada y la eutanasia de quienes consideraban "racialmente inferiores" o "genéticamente defectuosos". Estas políticas inhumanas se justificaron con el pretexto de purificar la raza aria y eliminar las amenazas genéticas percibidas para la salud de la sociedad.

La llegada de la tecnología CRISPR, con su precisión y accesibilidad sin precedentes, trae consigo el potencial de avances médicos notables y dilemas éticos importantes. La capacidad de editar genes con tanta precisión podría revivir inadvertidamente estas ideologías peligrosas si no se regula cuidadosamente y se guía éticamente. CRISPR podría usarse indebidamente para promover formas modernas de eugenesia, apuntando a rasgos considerados indeseables y afianzando aún más las desigualdades sociales. El atractivo de crear los llamados "bebés de diseño", libres de imperfecciones percibidas, se hace eco de las creencias desacreditadas de los primeros eugenistas que buscaban diseñar una humanidad "mejor" mediante la cría selectiva y la intervención genética.

La cuestión ética, por lo tanto, es si los beneficios potenciales de la modificación genética justifican los riesgos de revivir prácticas tan nocivas. Ahora que nos encontramos al borde de una nueva era en la ingeniería genética, es fundamental recordar las lecciones del pasado. Debemos asegurarnos de que el uso de CRISPR y tecnologías similares se rija por principios de equidad, justicia y respeto por la dignidad humana. Esto incluye establecer marcos regulatorios sólidos para prevenir el abuso, fomentar el discurso público sobre las implicaciones éticas y promover la transparencia en la investigación genética y sus aplicaciones.

Solo enfrentando directamente los desafíos éticos y comprometiéndonos con una gestión responsable podremos aprovechar el poder de CRISPR en beneficio de toda la humanidad, sin repetir los graves errores del pasado.

Además, la noción de mejora genética introduce otra capa de complejidad ética. Más allá de curar enfermedades, la tecnología CRISPR tiene el potencial de mejorar las capacidades humanas, que van desde atributos físicos como la fuerza y la inteligencia hasta rasgos menos tangibles como la personalidad y el comportamiento. Esta posibilidad plantea preguntas sobre la equidad y la justicia. Si las mejoras genéticas están disponibles, ¿quién tendrá acceso a ellas? ¿Serán un lujo solo al alcance de los ricos, lo que exacerbará las desigualdades sociales existentes? Las implicaciones éticas de crear una clase de élite mejorada genéticamente son profundas y preocupantes. Podría conducir a una sociedad en la que se devalúe la diversidad genética natural y se juzgue a las personas en función de sus modificaciones genéticas en lugar de sus cualidades humanas inherentes.

Tampoco se puede pasar por alto el potencial de consecuencias no deseadas. Las modificaciones genéticas pueden tener efectos imprevistos, que pueden provocar nuevos problemas de salud o exacerbar los existentes. Por ejemplo, una modificación destinada a mejorar las capacidades cognitivas podría aumentar inadvertidamente el riesgo de trastornos de salud mental. Los efectos a largo plazo de las modificaciones genéticas en el acervo genético humano todavía son en gran medida desconocidos, y debe considerarse la responsabilidad ética para con las generaciones futuras. Esta incertidumbre subraya la necesidad de una supervisión rigurosa y estudios a largo plazo antes de la adopción generalizada de tecnologías de modificación genética.

Además, la cuestión del consentimiento es especialmente espinosa cuando se trata de modificaciones genéticas. Los adultos pueden dar su consentimiento informado para sí mismos, pero ¿qué pasa con las modificaciones realizadas a embriones o niños? Estos individuos no pueden dar su consentimiento a cambios que afectarán toda su vida, lo que plantea importantes cuestiones éticas sobre la autonomía y los derechos del individuo. El caso de He Jiankui, un científico chino que anunció en 2018 que había creado los primeros bebés genéticamente modificados del mundo, desató la indignación y la condena internacionales. Afirmó haber utilizado la tecnología CRISPR para modificar los embriones de niñas gemelas para conferirles resistencia al VIH, un esfuerzo innovador pero muy controvertido. El anuncio fue recibido con una reacción rápida y severa de la comunidad científica mundial, los bioeticistas y el público, lo que puso de relieve una miríada de infracciones y preocupaciones éticas.

En primer lugar, una de las violaciones éticas más importantes fue la falta de un consentimiento informado adecuado por parte de los padres que participaron en el experimento. Los informes indicaban que los padres no estaban plenamente informados de los posibles riesgos e implicaciones de las modificaciones genéticas, lo que planteaba serias dudas sobre su comprensión y participación voluntaria. Esta violación de las normas éticas socava la confianza necesaria para cualquier intervención médica o científica, especialmente una tan profunda e irreversible como la edición genética.

Además, los posibles riesgos a largo plazo para los niños modificados genéticamente siguen siendo en gran medida desconocidos. La tecnología CRISPR, aunque precisa, no es infalible y puede producir efectos no deseados: cambios no deseados en otras partes del genoma que podrían provocar problemas de salud imprevistos, como cáncer u otros trastornos genéticos. Las modificaciones introducidas en estos embriones no sólo afectarán a los gemelos, sino que también podrían transmitirse a generaciones futuras, lo que agrava el dilema ético con la perspectiva de cambios genéticos hereditarios.

El caso también subrayó la ausencia de marcos éticos y regulatorios sólidos que regulen una investigación tan innovadora. Si bien los beneficios potenciales de la edición genética para prevenir enfermedades son inmensos, la falta de directrices y supervisión integrales hace que la prisa por aplicar estas tecnologías sea particularmente peligrosa. Las acciones de He Jiankui pasaron por alto los protocolos científicos y las normas éticas establecidas, lo que provocó llamados urgentes para el desarrollo de estándares internacionales para garantizar la investigación y la aplicación responsables de las tecnologías genéticas.

En respuesta a la indignación, las autoridades chinas condenaron a He Jiankui a tres años de prisión por prácticas médicas ilegales, y la comunidad científica pidió una moratoria sobre los usos clínicos de la edición de la línea germinal humana. Este caso ha encendido un debate global sobre los límites éticos de la ingeniería genética, la necesidad de una supervisión estricta y las responsabilidades de los científicos de priorizar el bienestar y los derechos de las personas por sobre la búsqueda del avance científico.

El caso de He Jiankui es un duro recordatorio de los peligros de la experimentación científica sin control y de la necesidad crítica de vigilancia ética. Pone de relieve la importancia de garantizar que el progreso científico no supere el desarrollo de marcos éticos y medidas regulatorias diseñadas para proteger a los sujetos humanos y preservar la confianza pública en la investigación biomédica. A medida que las capacidades de CRISPR y otras tecnologías de edición genética continúan expandiéndose, las lecciones de este caso deben informar la investigación futura para navegar por la delgada línea entre la innovación y la responsabilidad ética.

Las implicaciones culturales y sociales de la modificación genética son profundas y complejas, y exigen una consideración cuidadosa y el respeto de diversas perspectivas. Las distintas culturas tienen distintos puntos de vista sobre la aceptabilidad y la ética de la alteración de la genética humana, influenciados por creencias profundamente arraigadas, doctrinas religiosas y contextos históricos. Por ejemplo, en algunas culturas, la modificación genética puede ser vista como una afrenta a las leyes naturales o divinas, una peligrosa transgresión que desafía los principios fundamentales de la vida tal como están regidos por la naturaleza o un poder superior. Esta perspectiva a menudo se deriva de enseñanzas religiosas que enfatizan la santidad e inviolabilidad del cuerpo humano, así como de puntos de vista filosóficos que subrayan la importancia de mantener el orden natural.

Por el contrario, otras culturas pueden acoger la modificación genética como un avance revolucionario que promete aliviar el sufrimiento humano y mejorar la calidad de vida. En estas sociedades, el potencial de erradicar enfermedades genéticas, prolongar la esperanza de vida y mejorar las capacidades humanas se considera una progresión lógica del desarrollo científico y tecnológico. Esta aceptación de la ingeniería genética suele tener sus raíces en una mentalidad progresista que valora la innovación y la mejora continua de las condiciones humanas mediante la ciencia y la tecnología.

Estas diferencias culturales deben ser respetadas y consideradas en el discurso global sobre la modificación genética. A medida que las tecnologías genéticas se vuelven cada vez más accesibles y sus aplicaciones más extendidas, es esencial fomentar la cooperación y el diálogo internacionales. Este enfoque colaborativo puede ayudar a garantizar que el desarrollo y la implementación de tecnologías de modificación genética se guíen por pautas éticas que respeten la diversidad cultural y protejan los derechos humanos.

La creación de un marco global para el uso ético de la modificación genética implica abordar varias cuestiones clave. En primer lugar, es necesario comprender las preocupaciones culturales y éticas específicas asociadas con la ingeniería genética en diferentes regiones. La participación de las comunidades locales, los líderes religiosos, los especialistas en ética y los responsables de las políticas es fundamental para captar todo el espectro de opiniones y valores.

En segundo lugar, es necesario establecer normas internacionales que equilibren el respeto por las diferencias culturales con la necesidad de proteger a las personas de los daños y la explotación. Estas normas deberían incluir normas estrictas para impedir el uso indebido de las tecnologías genéticas, salvaguardas para garantizar el consentimiento informado y mecanismos para abordar las posibles desigualdades sociales y económicas que puedan surgir de las mejoras genéticas.

En tercer lugar, la educación continua y la participación pública son fundamentales para fomentar un debate informado e inclusivo sobre la modificación genética. Al generar conciencia y facilitar los debates, las partes interesadas pueden comprender mejor los beneficios, los riesgos y las implicaciones éticas de las tecnologías genéticas, lo que permite a las sociedades tomar decisiones informadas que reflejen sus valores y prioridades.

En última instancia, el objetivo es desarrollar un conjunto de directrices éticas que sean universalmente respetadas pero lo suficientemente flexibles como para dar cabida a la diversidad cultural. Dichas directrices deberían hacer hincapié en la importancia de la dignidad humana, la autonomía y la justicia, garantizando que los avances en la modificación genética contribuyan al bienestar de toda la humanidad en lugar de exacerbar las desigualdades existentes o crear nuevas formas de discriminación. Al priorizar la cooperación internacional y el diálogo respetuoso, podemos navegar por el panorama ético de la modificación genética de una manera que honre nuestra humanidad compartida y nuestro diverso patrimonio cultural.

Al considerar estas cuestiones éticas, resulta evidente que el camino a seguir requiere una deliberación cuidadosa y marcos éticos sólidos. Los beneficios potenciales de la tecnología CRISPR son inmensos, pero deben sopesarse frente a los riesgos morales y éticos. La sociedad debe entablar un diálogo permanente para abordar estas cuestiones complejas, garantizando que la aplicación de modificaciones genéticas en seres humanos se guíe por principios de equidad, justicia y respeto por la dignidad humana.

El panorama ético de las modificaciones genéticas es complejo y está plagado de desafíos, pero no es insuperable. Si abordamos estas cuestiones con seriedad y rigor, podemos tener la esperanza de aprovechar el poder de la tecnología CRISPR de una manera que beneficie a la humanidad y, al mismo tiempo, nos proteja de sus posibles peligros. A medida que avanzamos, es imperativo que permanezcamos atentos y reflexivos, asegurándonos de que nuestra búsqueda del avance científico no se produzca a costa de nuestra integridad ética.

El debate sobre los dilemas éticos está lejos de terminar y nos lleva sin problemas al siguiente aspecto crítico de este debate: las ramificaciones geopolíticas de la tecnología CRISPR. ¿Cómo manejarán las naciones el delicado equilibrio entre el progreso científico y la estabilidad internacional? ¿Qué regulaciones y acuerdos son necesarios para evitar una carrera armamentista global impulsada por los avances genéticos? Las respuestas a estas preguntas darán forma no solo al futuro de la guerra, sino también al orden global tal como lo conocemos.

Los bioeticistas se muestran particularmente abiertos a las consecuencias morales de la modificación genética. Sostienen que alterar el ADN humano, especialmente con fines militares, cruza una línea que podría conducir a resultados imprevistos y potencialmente peligrosos. El dilema ético central gira en torno al concepto de "jugar a ser Dios" y el impacto en la identidad y la capacidad de acción humanas. El bioeticista George Annas ha señalado que las modificaciones genéticas podrían erosionar lo que significa ser humano, creando individuos que pueden poseer capacidades físicas o cognitivas mejoradas, pero a costa de su humanidad e individualidad.

Esta preocupación no es meramente teórica. La historia de la eugenesia sirve como un recordatorio aleccionador de su potencial uso indebido. A principios del siglo XX, los movimientos eugenésicos en varios países, incluidos Estados Unidos y la Alemania nazi, apuntaron a mejorar la raza humana mediante la crianza selectiva. Estos esfuerzos llevaron a violaciones de los derechos humanos, esterilizaciones forzadas y, en el caso de la Alemania nazi, a los horrores del Holocausto. Los bioeticistas modernos temen que CRISPR pueda ser una herramienta para una nueva forma de eugenesia, una que sea tecnológicamente avanzada pero igualmente peligrosa. Ruth Faden, una destacada bioeticista, sostiene que si bien CRISPR ofrece la posibilidad de eliminar enfermedades genéticas, también abre la puerta a la discriminación genética y a nuevas formas de desigualdad.

Los científicos, por otra parte, profundizan en los aspectos técnicos y los beneficios potenciales de la tecnología CRISPR, equilibrando su entusiasmo con el reconocimiento de las preocupaciones éticas que la acompañan. A menudo destacan la promesa transformadora de la edición genética para erradicar enfermedades debilitantes y mejorar significativamente las capacidades humanas. Por ejemplo, Jennifer Doudna, una de las pioneras de la tecnología CRISPR, ha analizado extensamente su potencial para curar trastornos genéticos como la fibrosis quística y la anemia de células falciformes. Su trabajo subraya el profundo impacto que CRISPR podría tener en la mejora de la salud humana y la reducción del sufrimiento causado por las enfermedades genéticas.

A pesar de estas opiniones optimistas, Doudna y sus colegas son muy conscientes de los peligros éticos que esto implica. Abogan por el establecimiento de pautas éticas estrictas para evitar el uso indebido de una tecnología tan poderosa. La preocupación no es sólo teórica: la capacidad de editar genes humanos plantea el espectro de la eugenesia, la discriminación genética y las consecuencias ecológicas no deseadas. Por lo tanto, la comunidad científica está dividida sobre cómo proceder. Algunos investigadores abogan por una moratoria sobre la edición genética humana hasta que tengamos una comprensión más clara de los efectos a largo plazo. Destacan la necesidad de una investigación exhaustiva sobre los posibles efectos no deseados, las consecuencias no deseadas y las implicaciones éticas de la edición de la línea germinal, que afecta a las generaciones futuras.

Otros miembros de la comunidad científica presionan para que se continúe con la investigación bajo marcos regulatorios estrictos. Argumentan que detener el progreso podría retrasar avances médicos críticos y dejar sin tratamiento a numerosas enfermedades. Estos defensores creen que con una supervisión adecuada, los beneficios de CRISPR se pueden aprovechar de manera segura y eficaz. Proponen medidas regulatorias sólidas, incluida la colaboración internacional para garantizar que se cumplan los estándares éticos a nivel mundial.

Esta división dentro de la comunidad científica pone de relieve la complejidad de equilibrar la innovación con la responsabilidad ética. A medida que la tecnología CRISPR siga avanzando, será fundamental que los científicos, los especialistas en ética, los responsables de las políticas y el público en general participen en un diálogo permanente. Esto ayudará a sortear la delgada línea que separa los avances médicos revolucionarios de las posibles transgresiones éticas, garantizando que se maximicen los beneficios de CRISPR y se minimicen sus riesgos.

Los funcionarios militares ofrecen otra perspectiva, impulsada por las ventajas estratégicas que podrían proporcionar los soldados modificados genéticamente. La posibilidad de crear soldados con mayor fuerza, resistencia y capacidades cognitivas es una perspectiva tentadora para cualquier fuerza militar. Los soldados mejorados podrían operar durante períodos más prolongados sin fatiga, llevar equipo más pesado y procesar información a velocidades muy superiores a las de sus contrapartes no modificadas. Esas capacidades no solo mejorarían el rendimiento individual de los soldados, sino que también aumentarían significativamente la eficacia general de las operaciones militares.

El general Robert Brown, oficial retirado del ejército estadounidense, ha hablado sobre la necesidad de mantener una ventaja tecnológica sobre los adversarios potenciales. En numerosas entrevistas y declaraciones públicas, ha enfatizado que mantenerse a la vanguardia en materia de avances tecnológicos es crucial para la seguridad nacional. Brown señala que los adversarios no se quedan de brazos cruzados, sino que también están invirtiendo fuertemente en tecnologías emergentes, incluida la ingeniería genética. En este contexto, la perspectiva de mejoras genéticas para los soldados se convierte no solo en una oportunidad, sino en una necesidad para mantener la paridad o ganar superioridad.

El general Brown imagina un futuro en el que las modificaciones genéticas podrían proporcionar a los soldados atributos físicos superiores, como mayor masa muscular y densidad ósea, lo que mejoraría su capacidad para llevar a cabo tareas físicamente exigentes. Además, las mejoras en las funciones cognitivas podrían conducir a una toma de decisiones más rápida, mejores habilidades para la resolución de problemas y una mayor conciencia situacional en el campo de batalla. Estos rasgos podrían ser cruciales en escenarios de alto riesgo en los que las decisiones en fracciones de segundo pueden determinar el resultado de los enfrentamientos.

Sin embargo, Brown también reconoce que esta tecnología presenta un campo minado desde el punto de vista ético. La idea de modificar genéticamente a seres humanos, especialmente con fines bélicos, plantea profundas cuestiones éticas. Hay que considerar cuidadosamente cuestiones como el consentimiento, la posibilidad de consecuencias no deseadas y los efectos a largo plazo sobre los individuos y la sociedad. Brown subraya la importancia de desarrollar políticas integrales para regular el uso de mejoras genéticas en el ámbito militar. Aboga por un diálogo internacional para establecer directrices y regulaciones que aseguren que estas tecnologías se utilicen de forma responsable y ética.

La perspectiva de Brown no es aislada. Muchos estrategas militares y especialistas en ética piden un enfoque equilibrado que sopese las ventajas estratégicas frente a las implicaciones éticas. Destacan la necesidad de prácticas de investigación transparentes, consentimiento informado de quienes se someten a modificaciones genéticas y mecanismos de supervisión sólidos para prevenir los abusos y garantizar la rendición de cuentas.

Las posibles ventajas estratégicas de los soldados modificados genéticamente son claras, pero conllevan importantes desafíos éticos y regulatorios. Como sugieren el general Brown y otros funcionarios militares, el camino a seguir requiere una cuidadosa reflexión, cooperación internacional y el desarrollo de políticas que equilibren la innovación con la responsabilidad ética. Al abordar estos desafíos de manera proactiva, los militares pueden aprovechar los beneficios de las mejoras genéticas y, al mismo tiempo, minimizar los riesgos y garantizar que los avances tecnológicos sirvan al bien común.

La convergencia de estos puntos de vista subraya la complejidad del uso de la tecnología CRISPR en el ámbito militar. Cada perspectiva saca a la luz diferentes facetas de los desafíos éticos, técnicos y estratégicos. El debate no gira sólo en torno a las capacidades de la tecnología, sino también a los valores y principios que deberían guiar su aplicación.

En un mundo perfecto, la implementación de modificaciones genéticas mediante CRISPR en el ejército sería completamente voluntaria, respetando la autonomía y la elección personal de cada soldado. Los soldados serían instruidos exhaustivamente sobre los posibles beneficios y riesgos asociados con las mejoras genéticas, lo que garantizaría que pudieran tomar decisiones informadas sin ninguna coerción o influencia indebida. Se establecerían procesos integrales de consentimiento, que garantizarían que cada participante comprendiera plenamente las implicaciones a largo plazo de las modificaciones. El ejército priorizaría el bienestar y los derechos de su personal, ofreciendo sólidos sistemas de apoyo, incluido el seguimiento médico y el asesoramiento psicológico, para ayudar a quienes decidan someterse a las modificaciones. Este enfoque fomentaría una cultura de confianza y respeto, donde los avances tecnológicos se equilibren con consideraciones éticas, y la mejora de las capacidades humanas se persiga de una manera que defienda la dignidad y la libertad de cada individuo.

La implementación de la modificación genética mediante CRISPR en el ámbito militar sería un proceso complejo que implicaría varios pasos y consideraciones fundamentales. Inicialmente, sería necesario un amplio proceso de investigación y desarrollo, que implicaría estudios preclínicos en modelos animales, seguidos de ensayos clínicos para comprobar la seguridad y eficacia de las modificaciones genéticas en seres humanos. La colaboración con instituciones académicas, empresas de biotecnología y agencias reguladoras sería crucial durante esta fase.

Antes de implementar cualquier medida, sería necesario establecer un marco ético y legal sólido, que incluiría pautas sobre el consentimiento, la privacidad y el manejo de la información genética. También podrían ser necesarios acuerdos internacionales para garantizar el cumplimiento de las normas globales. A diferencia de las vacunaciones obligatorias, la implementación de modificaciones genéticas mediante CRISPR probablemente requeriría el consentimiento explícito e informado de los soldados. Tendrían que recibir información completa sobre los posibles beneficios, riesgos e implicaciones a largo plazo del procedimiento. Este proceso garantizaría que los soldados aceptaran voluntariamente las modificaciones, entendiendo todas las posibles consecuencias.

Sería necesario desarrollar protocolos integrales de salud y seguridad para monitorear y gestionar cualquier efecto adverso. Esto incluiría controles médicos regulares, monitoreo de salud a largo plazo y apoyo psicológico para abordar cualquier problema de salud física o mental que pudiera surgir de las modificaciones genéticas. El ejército podría implementar inicialmente las modificaciones CRISPR a través de programas piloto, seleccionando un pequeño grupo voluntario de soldados para que se sometan al procedimiento. Los resultados de estos programas piloto se monitorearían y analizarían de cerca para refinar el proceso y abordar cualquier desafío imprevisto.

Serían necesarios amplios programas de formación y educación para preparar al personal médico y a los soldados para el proceso de modificación genética. Esto garantizaría que todos los implicados entendieran los procedimientos, los posibles riesgos y los beneficios. Sería esencial obtener la aprobación regulatoria de organismos como la FDA (Administración de Alimentos y Medicamentos) de los Estados Unidos. Esta aprobación validaría la seguridad y eficacia de las modificaciones CRISPR, proporcionando una base legal para su aplicación en el ejército.

Dadas las implicaciones éticas y sanitarias, es probable que las modificaciones genéticas mediante CRISPR se ofrezcan de forma voluntaria en lugar de ser un requisito obligatorio. Los soldados tendrían la opción de someterse a modificaciones genéticas, de forma similar a como se manejan los tratamientos experimentales o los procedimientos médicos electivos. Los soldados tendrían que estar plenamente informados sobre los posibles riesgos y beneficios. Esto implicaría sesiones informativas detalladas y consultas con profesionales médicos para garantizar que los soldados tomen decisiones bien informadas. Tendrían que comprender los riesgos a corto plazo, como los posibles efectos secundarios del procedimiento, y las implicaciones a largo plazo, como la posible transmisión de cambios genéticos a la descendencia.

Los militares tendrían que analizar cuidadosamente las consideraciones éticas que implica la implementación de modificaciones genéticas, lo que incluye respetar la autonomía individual, garantizar que la participación sea genuinamente voluntaria y brindar sistemas de apoyo sólidos a quienes opten por participar. La mejora de las capacidades físicas, las funciones cognitivas y la resiliencia a los factores de estrés ambientales podrían brindar importantes ventajas estratégicas. Estas modificaciones podrían dar lugar a una fuerza de combate más eficaz y versátil, capaz de desempeñarse mejor en una amplia gama de condiciones.

Sin embargo, existen riesgos significativos asociados con las modificaciones genéticas mediante CRISPR, incluidas mutaciones genéticas no deseadas, efectos desconocidos a largo plazo para la salud y preocupaciones éticas sobre la mejora humana. También debe considerarse el impacto psicológico en los soldados, que podrían sentirse presionados a someterse a modificaciones para estar a la altura de sus pares. Implementar la modificación genética mediante CRISPR en el ejército sería una iniciativa pionera pero polémica. Requeriría un equilibrio cuidadoso entre el avance de las capacidades militares y el mantenimiento de estándares éticos. El proceso tendría que ser transparente, voluntario y guiado por una investigación exhaustiva y pautas éticas para garantizar el bienestar y la autonomía de los soldados involucrados.

En un escenario más realista, las modificaciones genéticas CRISPR no se presentarían como una opción voluntaria, sino como un requisito obligatorio para los soldados. Este enfoque estaría impulsado por una combinación de imperativos estratégicos y eficiencia burocrática, lo que reflejaría la necesidad de los militares de mantener la superioridad tecnológica y operativa sobre los adversarios potenciales. Los soldados se verían obligados a someterse a modificaciones genéticas como parte de sus procesos de alistamiento o despliegue, enmarcados como una medida necesaria para mejorar su eficacia en el combate y garantizar la seguridad nacional. Los militares probablemente justificarían este mandato haciendo hincapié en las amenazas existenciales que plantean las fuerzas enemigas genéticamente mejoradas y la necesidad crítica de nivelar el campo de juego. El proceso implicaría una participación mínima de los propios soldados, con oportunidades limitadas para el consentimiento informado o el disenso. Cualquier resistencia se enfrentaría a una acción disciplinaria, lo que en la práctica obligaría a cumplir. Esta implementación forzada priorizaría la fuerza y la preparación militar colectivas sobre la autonomía individual y las consideraciones éticas, presentando la mejora genética de los soldados como un aspecto inevitable de la guerra moderna.

Si la modificación genética CRISPR se implementara como un requisito obligatorio en el ejército, el proceso asumiría un carácter más ominoso y autoritario, marcado por la propaganda, la coerción y la sombra de las tensiones globales.

La decisión de imponer modificaciones genéticas obligatorias se originaría en los niveles más altos de la cúpula militar y gubernamental, impulsada por un deseo incesante de mantener una ventaja estratégica sobre las naciones hostiles. Esas naciones, percibidas como amenazas a la seguridad nacional, podrían estar ya exigiendo mejoras genéticas para sus soldados, obligando a Estados Unidos a adoptar medidas similares para no quedarse atrás. Ese sentido de urgencia se transmitiría mediante una agresiva campaña de propaganda destinada a convencer tanto al personal militar como al público de la necesidad y la rectitud del programa.

Los esfuerzos propagandísticos enfatizarían la amenaza existencial que representan las fuerzas enemigas mejoradas genéticamente, presentando la modificación genética obligatoria como un deber patriótico y un componente crítico de la defensa nacional. Los soldados serían inundados con mensajes que resaltarían la supuesta invencibilidad de los enemigos mejorados y las terribles consecuencias de quedarse atrás en la carrera armamentista genética. Este mensaje incesante estaría diseñado para suprimir el disenso y fomentar la aceptación, haciendo que el programa obligatorio pareciera un paso inevitable y esencial.

El proceso de implementación comenzaría con exámenes médicos exhaustivos, aparentemente para garantizar la idoneidad de los soldados para la modificación genética. Sin embargo, estos exámenes también podrían servir como un medio para identificar y aislar a los posibles disidentes. Los soldados considerados no aptos o que se resistan al programa podrían enfrentar graves repercusiones, como reasignación, degradación o licenciamiento.

Una vez seleccionados, los soldados se someterían a modificaciones CRISPR sistemáticamente. Los nuevos reclutas, en particular, serían los destinatarios de las modificaciones que se les administrarían durante su entrenamiento inicial. Este enfoque los adoctrinaría en el nuevo paradigma militar desde el principio, minimizando la resistencia. Las modificaciones genéticas se centrarían en mejorar la fuerza física, las funciones cognitivas y la resiliencia a los factores estresantes ambientales, creando una nueva generación de supersoldados.

La supervisión médica sería amplia, pero no necesariamente benévola. Se emplearían controles médicos periódicos y diagnósticos avanzados no sólo para controlar la salud, sino también para garantizar el cumplimiento y detectar cualquier signo de resistencia o efectos secundarios que pudieran poner en peligro el éxito del programa. Los soldados que presentaran efectos adversos podrían ser silenciados o utilizados como ejemplos aleccionadores para disuadir a otros de cuestionar las modificaciones.

Las consideraciones éticas quedarían relegadas a un segundo plano en favor de una búsqueda incesante de la superioridad militar. Los militares podrían emplear tácticas coercitivas, como la retención de beneficios o la amenaza de una baja deshonrosa, para garantizar el cumplimiento de las normas. Cualquier atisbo de supervisión ética sería superficial, diseñada para aplacar a los críticos en lugar de proteger genuinamente los derechos de los soldados. Los organismos de supervisión externos probablemente serían cómplices, aprobando procedimientos sin un escrutinio riguroso.

Se manipularían los marcos jurídicos para apoyar el programa obligatorio. Se podrían invocar poderes de emergencia y disposiciones de seguridad nacional para invalidar leyes existentes y suprimir impugnaciones legales. Los soldados que intenten resistirse o denunciar el programa podrían enfrentarse a graves repercusiones jurídicas, como prisión o juicio militar.

El apoyo psicológico, si se proporciona, probablemente será superficial y estará más orientado a mantener la eficiencia operativa que a abordar problemas genuinos de salud mental. Los servicios de asesoramiento podrían utilizarse para reforzar la propaganda, convenciendo a los soldados de la necesidad y los beneficios de las modificaciones, al tiempo que se minimizan los riesgos percibidos.

Hacer obligatoria la modificación genética mediante CRISPR en el ejército implicaría un enfoque oscuro y coercitivo, caracterizado por la propaganda, la supresión de la disidencia y un enfoque primordial en el mantenimiento de la superioridad estratégica. El proceso estaría marcado por compromisos éticos, manipulación legal y una atmósfera opresiva que priorizaría la seguridad nacional por sobre los derechos y el bienestar individuales.

A medida que nos adentramos en el siglo XXI, es probable que se intensifique el debate en torno a CRISPR y la modificación genética en humanos. Hay mucho en juego y las decisiones que se tomen hoy tendrán consecuencias de largo alcance. Es fundamental equilibrar los posibles beneficios con las preocupaciones éticas y morales. Se requiere un enfoque matizado que tenga en cuenta las ideas y advertencias de los bioeticistas, la experiencia técnica de los científicos y las consideraciones estratégicas de los funcionarios militares. Solo a través de un diálogo multidisciplinario de este tipo podemos tener la esperanza de afrontar de manera responsable los desafíos que plantea esta poderosa tecnología.

En las siguientes secciones, profundizaremos en las ramificaciones geopolíticas de la tecnología CRISPR, explorando cómo el potencial de los soldados genéticamente modificados podría alterar la dinámica del poder global y las relaciones internacionales.

CAPÍTULO 5.
EL PANORAMA GEOPOLÍTICO

Las implicaciones éticas del despliegue de soldados modificados con CRISPR plantean importantes interrogantes sobre el futuro de la guerra. Más allá de las preocupaciones inmediatas sobre la moralidad de la manipulación genética, el potencial de los soldados modificados con CRISPR para alterar la dinámica del poder global merece una seria consideración. Mientras las naciones compiten por aprovechar el poder de la ingeniería genética con fines militares, el panorama geopolítico está al borde de una profunda transformación.

Imaginemos un escenario en el que las naciones tuvieran la capacidad de mejorar las capacidades físicas y cognitivas de sus soldados mediante modificaciones genéticas. Estas mejoras podrían ir desde una mayor fuerza y resistencia hasta una mayor resistencia a las enfermedades y una recuperación más rápida de las lesiones. Estos avances proporcionarían una ventaja estratégica en el campo de batalla, permitiendo a los países con tecnología CRISPR proyectar su poder de manera más efectiva y sostener enfrentamientos militares prolongados con menos bajas.

Históricamente, los avances tecnológicos en la guerra han desempeñado un papel fundamental en el cambio del equilibrio de poder entre las naciones, a menudo con consecuencias profundas y de largo alcance. Uno de los ejemplos más significativos de esta dinámica ocurrió durante la Segunda Guerra Mundial con el desarrollo y despliegue de armas nucleares. La introducción de bombas atómicas por parte de Estados Unidos no sólo supuso un fin rápido y decisivo al conflicto con Japón, sino que también alteró fundamentalmente el panorama geopolítico. El enorme poder destructivo de las armas nucleares estableció a Estados Unidos como una fuerza militar dominante, catapultándolo a la condición de superpotencia.

Tras la Segunda Guerra Mundial, surgió la Unión Soviética como la otra superpotencia mundial, en gran medida gracias al rápido desarrollo de su propio arsenal nuclear. Esta paridad nuclear entre Estados Unidos y la Unión Soviética preparó el terreno para la Guerra Fría, un período caracterizado por una intensa rivalidad y la amenaza siempre presente de la aniquilación nuclear. La carrera armamentista que siguió estuvo impulsada por la búsqueda constante de la superioridad tecnológica, y ambas naciones invirtieron fuertemente en el desarrollo de sistemas de armas cada vez más sofisticados y poderosos.

Este precedente histórico pone de relieve cómo la innovación tecnológica en la guerra puede redefinir las relaciones internacionales y las estructuras de poder. La invención de las armas nucleares creó una nueva era de disuasión y destrucción mutua asegurada (MAD), en la que el potencial de consecuencias catastróficas mantenía a raya los conflictos militares directos entre superpotencias. En cambio, la Guerra Fría estuvo marcada por guerras por delegación, espionaje y una búsqueda continua de ventajas tecnológicas, incluidos avances en tecnología de misiles, exploración espacial y guerra cibernética.

En tiempos más recientes, la aparición de la tecnología de los drones y las capacidades cibernéticas ha seguido reconfigurando la estrategia militar y la dinámica del poder global. Los drones han revolucionado la guerra moderna al proporcionar nuevos medios de vigilancia y ataques selectivos, a menudo con un riesgo reducido para los soldados humanos. La guerra cibernética, por otro lado, ha introducido un nuevo ámbito de conflicto en el que las naciones pueden participar en el sabotaje, el espionaje y la perturbación sin enfrentamiento físico.

De cara al futuro, la integración de la inteligencia artificial, la robótica y la ingeniería genética en aplicaciones militares promete alterar aún más el panorama del poder global. A medida que las naciones inviertan en estas tecnologías de vanguardia, podremos presenciar el surgimiento de nuevas formas de guerra que combinen capacidades humanas y de máquinas. Por ejemplo, la posible creación de soldados genéticamente mejorados mediante tecnologías como CRISPR podría brindar ventajas sin precedentes en el campo de batalla, lo que plantearía cuestiones éticas y estratégicas sobre el futuro del combate y el equilibrio de poder.

El patrón es claro: cada gran avance en la tecnología militar no sólo transforma los métodos de guerra, sino que también redefine la jerarquía del poder global. El desarrollo de las armas nucleares durante la Segunda Guerra Mundial es un duro recordatorio de cómo un único avance tecnológico puede dar forma al curso de la historia, marcando el comienzo de nuevas eras de tensión política y competencia. Ahora que nos encontramos al borde de otra revolución tecnológica en la guerra, comprender este contexto histórico es crucial para anticipar las posibles implicaciones y prepararse para los desafíos que se avecinan.

La introducción de soldados CRISPR podría generar una nueva carrera armamentística en la que los países competirían por desarrollar las tropas modificadas genéticamente más avanzadas. Esta competencia podría conducir a inversiones significativas en investigación genética y biotecnología militar, posiblemente a expensas de otras áreas críticas como la atención médica, la educación y la infraestructura.

Además, la existencia de soldados CRISPR podría complicar las relaciones internacionales y exacerbar las tensiones existentes. Los países que están rezagados en la tecnología de mejora genética podrían sentirse amenazados y buscar formar alianzas o participar en actividades de espionaje para cerrar la brecha. Por otro lado, las naciones con capacidades CRISPR avanzadas podrían aprovechar su superioridad tecnológica para coaccionar o intimidar a otros, lo que llevaría a una desestabilización de las estructuras de poder regionales y globales.

La proliferación de la tecnología CRISPR también plantea inquietudes sobre su accesibilidad y su posible uso indebido. A diferencia de las armas nucleares, que requieren recursos e infraestructura sustanciales, la tecnología CRISPR es relativamente barata y accesible. Esta democratización de la ingeniería genética significa que no sólo los actores estatales sino también los actores no estatales, como las organizaciones terroristas y los estados rebeldes, podrían desarrollar soldados modificados con CRISPR. Las implicaciones de que dichas entidades posean soldados mejorados son alarmantes, ya que podrían conducir a escenarios de guerra asimétrica en los que las fuerzas militares tradicionales estén mal equipadas para responder.

La aparición de la tecnología CRISPR presenta oportunidades y riesgos importantes, en particular si se considera su posible uso en la creación de armas biológicas para la guerra o el terrorismo. La capacidad de editar genes con precisión podría permitir el desarrollo de armas que no solo sean más efectivas, sino también más específicas y difíciles de detectar. Estas armas biológicas diseñadas genéticamente serían difíciles de detectar por varias razones.

Los patógenos modificados genéticamente pueden diseñarse para que se asemejen lo más posible a las cepas naturales, lo que dificulta distinguir entre una liberación intencional y un brote natural. Este camuflaje puede retrasar la identificación del arma biológica y dificultar la respuesta adecuada. Mediante el uso de la tecnología CRISPR, las armas biológicas pueden diseñarse para atacar marcadores genéticos específicos dentro de una población. Esta especificidad significa que el patógeno podría afectar solo a ciertos grupos étnicos o individuos con rasgos genéticos particulares, lo que daría lugar a brotes localizados que podrían percibirse inicialmente como problemas de salud aislados en lugar de un acto de bioterrorismo.

Algunos patógenos modificados genéticamente pueden diseñarse para que los síntomas aparezcan más tarde, lo que dificulta rastrear la fuente de la infección. Si los individuos presentan síntomas semanas o meses después de la exposición, la identificación del punto de origen se vuelve mucho más complicada. La tecnología CRISPR también se puede utilizar para diseñar patógenos que evadan las herramientas de diagnóstico existentes. Al alterar las secuencias genéticas en las que se basan las pruebas de diagnóstico, estos patógenos pueden pasar desapercibidos en los exámenes de rutina, lo que dificulta la detección temprana y la contención.

Los patógenos modificados genéticamente pueden diseñarse para sobrevivir en diversas condiciones ambientales, incluidas temperaturas o humedades extremas. Esta resiliencia les permite persistir en el medio ambiente durante períodos más prolongados, lo que aumenta el margen de exposición y complica los esfuerzos para rastrear y neutralizar el arma biológica. La tecnología CRISPR también se puede utilizar para crear patógenos con síntomas atípicos que no coinciden con las enfermedades conocidas, lo que conduce a diagnósticos erróneos y tratamientos inadecuados. Esta desorientación puede retrasar la identificación de la verdadera naturaleza del brote y la implementación de contramedidas efectivas.

Los patógenos modificados genéticamente pueden diseñarse para que muten rápidamente y se adapten a las defensas y tratamientos del huésped. Esta adaptabilidad dificulta el desarrollo de vacunas y tratamientos, lo que prolonga el tiempo que lleva identificar y contrarrestar el arma biológica. La combinación de estos factores hace que las armas biológicas modificadas genéticamente sean particularmente insidiosas. La capacidad de editar genes con precisión permite la creación de patógenos que se combinan a la perfección con los procesos patológicos naturales, evaden la detección y atacan a poblaciones específicas, lo que los convierte en herramientas formidables para la guerra biológica encubierta y el terrorismo. Esto subraya la necesidad de una mejor vigilancia, herramientas de diagnóstico rápido y cooperación internacional para detectar y responder a tales amenazas de manera eficaz.

Basándose en este potencial de daño, CRISPR puede utilizarse para modificar los genomas de bacterias y virus con el fin de aumentar su virulencia, transmisibilidad y resistencia a los tratamientos existentes. Por ejemplo, un grupo terrorista podría diseñar una cepa del virus de la gripe para que fuera más letal y resistente a los medicamentos antivirales. Este patógeno modificado podría propagarse rápidamente por una población, causando enfermedades generalizadas y muertes antes de que se pudieran implementar contramedidas efectivas.

Con el uso de CRISPR es posible diseñar armas biológicas que ataquen perfiles genéticos específicos, lo que plantea escalofriantes posibilidades para el futuro de la guerra y el terrorismo. Esta tecnología podría permitir la creación de patógenos diseñados para afectar a individuos con marcadores genéticos particulares, sin dañar a otros. Las implicaciones de estas armas biológicas son profundas, ya que podrían usarse para atacar a grupos étnicos o poblaciones específicos, lo que llevaría a una limpieza étnica o un genocidio selectivo. El potencial de abuso es asombroso, dado que estas armas biológicas podrían desplegarse de manera encubierta, haciéndose pasar por brotes naturales.

Consideremos un escenario hipotético en el que una nación rebelde o un grupo terrorista pretende eliminar a un grupo étnico específico. Al analizar los marcadores genéticos exclusivos de ese grupo, los científicos podrían utilizar CRISPR para modificar un virus o bacteria para que reconozca y ataque únicamente a esos individuos. Por ejemplo, si una variante genética específica común entre la población objetivo codifica una proteína de superficie celular particular, el patógeno modificado podría diseñarse para unirse exclusivamente a esa proteína, iniciando la infección solo en aquellos que portan el marcador genético.

Un objetivo potencial para un arma biológica de este tipo podría ser el receptor del antígeno Duffy, una proteína que se encuentra en la superficie de los glóbulos rojos. Este receptor está presente en la mayoría de la población mundial, pero está notablemente ausente en la mayoría de los individuos de África occidental. Si se diseñara un patógeno para que interactuara específicamente con el antígeno Duffy, un arma biológica podría teóricamente no afectar a los africanos occidentales, pero atacar a otros. Por el contrario, se podría diseñar un patógeno antagonista para atacar a quienes carecen del antígeno Duffy, lo que afectaría desproporcionadamente a las poblaciones de África occidental.

Otro ejemplo es el gen de la anemia falciforme, que prevalece en personas de ascendencia africana. Si bien el rasgo de la anemia falciforme ofrece cierta protección contra la malaria, un patógeno diseñado podría explotar este marcador genético para atacar a quienes tienen el rasgo. Tal especificidad dificultaría la detección de los orígenes artificiales del arma biológica, ya que el brote parecería seguir un patrón de enfermedad natural que afecta a perfiles genéticos específicos.

En un escenario más avanzado, los investigadores podrían explotar las variaciones genéticas en los genes del sistema inmunológico, como el complejo HLA (antígeno leucocitario humano). Los genes HLA son muy variables y desempeñan un papel fundamental en la respuesta inmunológica. Un patógeno diseñado para eludir las defensas inmunológicas basadas en tipos específicos de HLA podría causar un brote devastador entre individuos con esos tipos y no afectar a otros con perfiles HLA diferentes. Este enfoque podría utilizarse para atacar a grupos étnicos con distribuciones HLA particulares, lo que lo convertiría en una herramienta para la limpieza étnica.

Estas armas biológicas podrían ser insidiosas porque, en un principio, podrían aparecer como brotes naturales. Las autoridades sanitarias tendrían dificultades para identificar la verdadera naturaleza de la enfermedad, lo que retrasaría las respuestas adecuadas y exacerbaría el impacto. La especificidad del patógeno también podría dificultar el desarrollo de tratamientos o vacunas de amplio espectro, ya que las medidas tradicionales de salud pública podrían no ser eficaces contra una enfermedad genéticamente específica.

La capacidad de diseñar armas biológicas dirigidas a perfiles genéticos específicos mediante la tecnología CRISPR representa una frontera aterradora en la guerra biológica. La posibilidad de genocidio selectivo o limpieza étnica por esos medios es una grave amenaza que exige la atención inmediata de la comunidad mundial. Para prevenir el uso indebido de la ingeniería genética con fines nefastos se necesitarán esfuerzos concertados en materia de regulación, normas éticas y cooperación internacional.

Más allá de los perfiles genéticos, el alcance del posible uso indebido de CRISPR se extiende aún más al ámbito de los microbiomas. El microbioma humano, que consiste en los billones de microorganismos que viven dentro y sobre nuestros cuerpos, desempeña un papel crucial en nuestra salud. CRISPR podría usarse para manipular estos microorganismos para producir sustancias nocivas o para alterar las funciones corporales normales. Por ejemplo, alterar las bacterias intestinales para producir toxinas podría provocar enfermedades gastrointestinales graves u otros problemas de salud. Este enfoque podría usarse para debilitar o incapacitar a soldados enemigos o poblaciones civiles sin necesidad de armas convencionales.

Un ejemplo específico es el microbioma intestinal, que es fundamental para la digestión, la función inmunológica e incluso la salud mental. La tecnología CRISPR podría utilizarse para modificar bacterias intestinales comunes, como *Escherichia coli* o *Bacteroides fragilis*, para que produzcan toxinas nocivas. Estas bacterias modificadas genéticamente podrían introducirse en el suministro de alimentos o agua, lo que provocaría malestar gastrointestinal generalizado, diarrea grave y deshidratación entre los afectados. Un arma biológica de este tipo podría incapacitar a los soldados, reduciendo su eficacia en el combate y potencialmente provocando altas tasas de mortalidad debido a los efectos secundarios de la deshidratación y el debilitamiento de las respuestas inmunitarias.

Otro objetivo potencial dentro del microbioma es la piel. El microbioma de la piel desempeña un papel protector, ayudando a defenderse de las bacterias y virus patógenos. CRISPR podría utilizarse para modificar bacterias cutáneas benignas, como *Staphylococcus epidermidis* , para que expresen factores virulentos que comprometan la función de barrera de la piel o produzcan toxinas que provoquen lesiones e infecciones cutáneas. Esto podría provocar problemas dermatológicos generalizados, reduciendo la moral y la preparación física de las tropas y provocando pánico entre las poblaciones civiles.

También se podrían manipular los microbiomas respiratorios. El tracto respiratorio contiene microorganismos que ayudan a mantener la salud respiratoria. La alteración de bacterias como *Streptococcus pneumoniae* o *Haemophilus influenzae* para producir agentes nocivos podría provocar infecciones respiratorias graves, que derivarían en neumonía, bronquitis u otras afecciones respiratorias. Esto sería especialmente devastador en espacios reducidos, como cuarteles militares o entornos urbanos, donde las enfermedades respiratorias pueden propagarse rápidamente.

Además, la tecnología CRISPR podría utilizarse para alterar el microbioma bucal. La boca es el hogar de bacterias como *Streptococcus mutans* , que desempeñan un papel en la salud bucal. La manipulación genética de estas bacterias para que produzcan ácidos u otras sustancias nocivas podría provocar una rápida caries dental, enfermedades de las encías e incluso infecciones sistémicas si las bacterias entran en el torrente sanguíneo. Esto podría socavar la salud general y la capacidad operativa de los soldados, ya que los problemas dentales pueden ser muy debilitantes.

Además de actuar sobre microbiomas específicos, la tecnología CRISPR podría utilizarse para crear microorganismos que interfieran en el equilibrio general del microbioma humano, lo que provocaría disbiosis. Este desequilibrio puede provocar una amplia gama de problemas de salud, como trastornos metabólicos, enfermedades autoinmunes y trastornos mentales como la depresión y la ansiedad. Al alterar estratégicamente el equilibrio del microbioma, un adversario podría debilitar a una población con el tiempo, volviéndola más susceptible a otras enfermedades y menos capaz de soportar un esfuerzo físico o mental prolongado.

Estas armas biológicas representan una amenaza única porque pueden introducirse de forma encubierta y causar daños durante un período prolongado, lo que dificulta su detección y atribución. A diferencia de las armas convencionales, que producen una destrucción inmediata y visible, las armas biológicas dirigidas al microbioma podrían propagarse silenciosamente entre las poblaciones, causando deterioros graduales pero graves de la salud.

El uso potencial de CRISPR en la guerra biológica se extiende más allá de la destrucción inmediata a estrategias más insidiosas, como la inducción de enfermedades crónicas. Al atacar genes asociados con problemas de salud importantes como el cáncer, la diabetes o las enfermedades cardiovasculares, CRISPR podría utilizarse como arma para introducir mutaciones genéticas que predispongan a las personas a estas dolencias. Por ejemplo, las mutaciones en los genes BRCA1 o BRCA2 aumentan significativamente el riesgo de desarrollar cáncer de mama y de ovario. Un arma biológica diseñada para difundir una construcción CRISPR dirigida a estos genes podría introducir silenciosamente estas mutaciones en una población. Con el tiempo, la incidencia del cáncer aumentaría, lo que sobrecargaría los sistemas de atención sanitaria, aumentaría las tasas de mortalidad y causaría miedo e incertidumbre generalizados.

De manera similar, la tecnología CRISPR podría utilizarse para inducir mutaciones en genes vinculados con la diabetes, como el gen HNF1A, asociado con la diabetes de inicio en la madurez en los jóvenes (MODY). Al alterar sutilmente estos genes, una población podría experimentar un aumento gradual de los casos de diabetes, lo que llevaría a complicaciones de salud a largo plazo y a mayores costos de atención médica. Las enfermedades cardiovasculares también podrían ser objeto de un tratamiento manipulando genes como el LDLR, responsable de regular los niveles de colesterol. Inducir hipercolesterolemia en una población conduciría a tasas más altas de ataques cardíacos y accidentes cerebrovasculares, lo que desestabilizaría aún más la salud y la productividad de la sociedad.

Otra aplicación escalofriante de CRISPR en la guerra biológica es la posibilidad de debilitar el sistema inmunológico al inactivar genes esenciales para la función inmunológica. El gen que codifica el complejo mayor de histocompatibilidad (CMH), por ejemplo, desempeña un papel crucial en la capacidad del sistema inmunológico para reconocer y combatir infecciones. Desactivar este gen comprometería gravemente el sistema inmunológico, haciendo que las personas sean más susceptibles a infecciones y enfermedades. Un arma biológica diseñada para propagar una construcción CRISPR que altere los genes del MHC podría ser particularmente devastadora.

Imaginemos un escenario en el que se libera un arma biológica basada en CRISPR junto con un patógeno altamente infeccioso, como un virus de la gripe modificado. La construcción inicial de CRISPR eliminaría genes esenciales del sistema inmunológico, dejando a la población vulnerable. La liberación posterior del patógeno se propagaría sin control, causando enfermedades generalizadas y muertes. Una estrategia de este tipo podría paralizar los sistemas de atención sanitaria, ya que los médicos y los hospitales tendrían dificultades para hacer frente a una cantidad abrumadora de pacientes que no pueden generar una respuesta inmunológica eficaz.

Imagine un mundo en el que la ficción de hoy se convierte en la realidad de mañana. A medida que profundiza en la siguiente historia, visualice un escenario en el que los acontecimientos descritos podrían ser el titular principal de las noticias locales o la noticia principal de su canal de noticias favorito. Considere las profundas implicaciones y las escalofriantes posibilidades que podrían desarrollarse, convirtiendo esta narración no solo en un cuento del futuro sino en una posible advertencia para el presente.

En el año 2045, las tensiones entre Pakistán y la India llegaron a un punto crítico, lo que llevó a Pakistán a una operación encubierta para desplegar un arma biológica utilizando tecnología CRISPR avanzada. El objetivo eran las ciudades densamente pobladas de la India y el plan se ejecutó con una precisión escalofriante.

La operación comenzó con agentes que liberaron el constructo CRISPR a través de aerosoles desde un tren que pasaba por varias estaciones de tren importantes durante las horas pico. A medida que los pasajeros subían y bajaban, el modificador genético invisible se dispersaba en el aire, infiltrándose silenciosamente en sus sistemas. El constructo fue diseñado para eliminar genes críticos del sistema inmunológico, volviendo ineficaces los sistemas inmunológicos de las personas expuestas.

Sin percatarse del ataque insidioso, millones de personas continuaron con sus vidas cotidianas mientras la tecnología CRISPR se extendía rápidamente entre la población urbana. En pocos días, comenzó la segunda fase de la operación. Pakistán desplegó agentes disfrazados de vendedores ambulantes, trabajadores de mantenimiento e incluso de personal médico, y los colocó estratégicamente en zonas concurridas, como mercados, centros comerciales y centros de transporte público. Estos agentes llevaban dispositivos discretos diseñados para liberar un virus de la gripe modificado genéticamente en forma de una fina niebla.

En momentos predeterminados, los agentes activaron estos dispositivos, asegurando la máxima exposición durante los períodos de máxima actividad. El virus, ahora enfrentado a una población cuyas defensas inmunológicas habían sido saboteadas por la construcción CRISPR, se propagó sin control, lo que provocó enfermedades generalizadas y muertes. Los sistemas de transporte público, incluidos los autobuses y los trenes del metro, se convirtieron en los principales vectores del patógeno, ya que los espacios reducidos facilitaban la transmisión rápida entre los pasajeros.

El impacto en el sistema de salud de la India fue inmediato y catastrófico. Los hospitales se vieron inundados de pacientes que presentaban síntomas graves de gripe, pero los tratamientos estándar resultaron inútiles. Los suministros médicos se agotaron en cuestión de días y los trabajadores de la salud, también vulnerables al virus, sucumbieron en cantidades alarmantes. Se establecieron zonas de cuarentena improvisadas en espacios públicos como estadios y escuelas, pero pronto se vieron desbordadas a medida que aumentaba el número de muertos.

Los científicos indios, al percatarse de la naturaleza del ataque, trabajaron sin descanso para desarrollar una contramedida. Su objetivo era crear una nueva estructura CRISPR para reparar los genes inmunes dañados, pero la complejidad de la tarea y la rápida propagación del virus hicieron que el progreso fuera lento. Para innumerables víctimas, cualquier solución llegaría demasiado tarde.

Este ataque con armas biológicas sin precedentes puso de manifiesto el aterrador potencial de la ingeniería genética cuando se utiliza con fines malintencionados. El suceso subrayó la urgente necesidad de establecer normas internacionales sobre biotecnología y de aumentar la preparación ante amenazas bioéticas. Mientras el mundo observaba horrorizado, el ataque sirvió como un triste recordatorio del delicado equilibrio entre el progreso científico y su potencial de uso indebido, dejando profundas cicatrices en la conciencia mundial y provocando una reevaluación de las normas éticas en la investigación genética.

El devastador ataque tuvo repercusiones rápidas y severas. Ante la abrumadora evidencia que apuntaba a Pakistán como el orquestador del ataque con armas biológicas, India declaró la guerra. Las relaciones ya tensas entre los dos vecinos con armas nucleares se hundieron en un conflicto abierto. El mundo contuvo la respiración ante la posibilidad de una escalada que amenazaba la estabilidad global. La comunidad internacional hizo un llamado urgente a la paz, temiendo las consecuencias catastróficas de una guerra a gran escala entre India y Pakistán, pero las cicatrices dejadas por el ataque CRISPR llevaron el conflicto hacia un futuro incierto y peligroso.

Las consecuencias de estas armas biológicas basadas en CRISPR son profundas. Podrían desestabilizar a las sociedades no a través de una destrucción inmediata y visible, sino a través de una erosión lenta e insidiosa de la salud pública. El impacto económico sería enorme, con costos de atención médica que se dispararían, una menor productividad de la fuerza laboral y un sufrimiento a largo plazo para los afectados. Además, la dificultad para rastrear el origen de un ataque de esa naturaleza complicaría las respuestas y la rendición de cuentas internacionales, lo que podría conducir a tensiones y conflictos geopolíticos.

Los usos potenciales de CRISPR en la guerra biológica incluyen la inducción de enfermedades crónicas y el debilitamiento de los sistemas inmunológicos. Estas estrategias podrían tener efectos devastadores a largo plazo en las poblaciones, los sistemas de salud y las economías. Sin embargo, las implicaciones de las armas biológicas basadas en CRISPR se extienden aún más lejos, y podrían apuntar a la base misma del sustento de una nación.

La tecnología CRISPR, si bien tiene un inmenso potencial de aplicaciones beneficiosas, también plantea graves riesgos si se utiliza indebidamente como arma biológica. Un escenario particularmente alarmante es el de atacar cultivos agrícolas y ganado, lo que podría conducir a una devastadora escasez de alimentos e inestabilidad económica. Al utilizar CRISPR para modificar patógenos vegetales o animales para que sean más virulentos o resistentes a los tratamientos existentes, un adversario podría destruir eficazmente los suministros de alimentos, causando hambrunas generalizadas y desestabilizando a las naciones.

Por ejemplo, pensemos en cultivos básicos como el trigo, el arroz y el maíz, que son cruciales para el suministro mundial de alimentos. Si se utilizara la tecnología CRISPR para aumentar la virulencia de patógenos como Puccinia graminis, el hongo responsable de la roya del tallo del trigo, o Magnaporthe oryzae, que causa la enfermedad del tizón del arroz, las cepas resultantes podrían ser devastadoras. Estos patógenos modificados genéticamente podrían superar las defensas naturales de las plantas y los fungicidas existentes, lo que provocaría brotes rápidos e incontrolables. Los campos de trigo o arroz podrían desaparecer en una sola temporada de cultivo, lo que provocaría una escasez inmediata.

De manera similar, el ganado podría ser el objetivo de la modificación de virus como el virus de la peste porcina africana (ASFV) o el virus de la fiebre aftosa (FMDV). El ASFV ya es una amenaza significativa para las poblaciones de cerdos, y el uso de CRISPR para crear una cepa más virulenta o resistente al tratamiento podría devastar la industria porcina. El sacrificio masivo resultante de animales infectados no solo conduciría a una escasez de carne de cerdo, sino que también tendría efectos dominó en toda la economía, afectando a los proveedores de alimentos, procesadores y minoristas. El FMDV, que afecta al ganado vacuno, los cerdos, las ovejas y las cabras, podría ser mejorado de manera similar para resistir las vacunas y los tratamientos, lo que provocaría pérdidas generalizadas de ganado y agravaría aún más la escasez de alimentos.

El impacto económico de esas armas biológicas sería profundo. La agricultura es un sector importante en muchas economías, y la pérdida repentina de cultivos y ganado haría que los precios se dispararan, haciendo que los alimentos fueran inasequibles para muchos. Esto conduciría a un aumento de la pobreza y el hambre, y podría provocar disturbios sociales a medida que la gente compite por recursos escasos. Los agricultores y las empresas agrícolas se enfrentarían a la ruina, y los costos de gestionar y tratar de recuperarse de esos brotes pondrían a prueba los presupuestos y recursos nacionales.

Las repercusiones sociales más amplias también serían graves. En los países que dependen en gran medida de la agricultura, esos ataques podrían socavar la confianza en la capacidad del gobierno para proteger los suministros de alimentos, lo que provocaría una pérdida de confianza pública y una posible inestabilidad política. El comercio internacional se vería afectado, ya que los países impondrían prohibiciones y restricciones para impedir la propagación de patógenos modificados, lo que perturbaría los mercados alimentarios mundiales y provocaría una mayor escasez y volatilidad de los precios.

Además, las consecuencias ambientales podrían ser nefastas. El uso de patógenos más virulentos podría provocar el colapso de ecosistemas que dependen de determinados cultivos o ganado. La pérdida de biodiversidad, como resultado, tendría efectos a largo plazo sobre el medio ambiente, reduciendo la resiliencia de los ecosistemas a otros factores de estrés, como el cambio climático.

Este tipo de arma biológica, al atacar los elementos fundamentales de la seguridad alimentaria, podría paralizar la capacidad de un país para sustentar a su población y mantener el orden. La posibilidad de que se haga un uso indebido de CRISPR de esta manera subraya la necesidad urgente de establecer normas internacionales sólidas y medidas de bioseguridad. Los gobiernos y las organizaciones mundiales deben trabajar juntos para supervisar y controlar el uso de las tecnologías de edición genética, garantizar que se utilicen de manera responsable y evitar su posible utilización como arma.

El posible uso de CRISPR para crear armas biológicas pone de relieve una laguna crítica en las normas internacionales vigentes. La Convención sobre Armas Biológicas (BWC), que prohíbe el desarrollo y el uso de armas biológicas, no aborda explícitamente el uso de modificaciones genéticas con fines militares. Esta laguna normativa podría ser explotada por naciones o actores no estatales para desarrollar y utilizar armas biológicas genéticas sin repercusiones jurídicas claras.

A medida que las posibilidades de la tecnología CRISPR y otras tecnologías de edición genética siguen avanzando, es urgente que la comunidad internacional reconsidere los tratados y las leyes internacionales vigentes que rigen la guerra. La Convención sobre armas biológicas y otros marcos normativos deben actualizarse para prohibir explícitamente el uso de modificaciones genéticas para crear armas biológicas. Además, deben establecerse nuevos mecanismos de vigilancia y control para garantizar el cumplimiento y evitar el uso indebido de estas poderosas tecnologías.

Para hacer frente a estos desafíos, la comunidad internacional podría considerar varios enfoques. Enmendar la Convención para incluir explícitamente las modificaciones genéticas y la tecnología CRISPR dentro de su ámbito de aplicación garantizaría que cualquier desarrollo de armas biológicas que utilicen estos métodos esté claramente prohibido. También es necesario desarrollar mecanismos de verificación sólidos para supervisar el cumplimiento de la Convención, incluidas inspecciones periódicas de las instalaciones de investigación y una mayor transparencia en la investigación genética. Fomentar la colaboración internacional y el intercambio de información para detectar y prevenir el uso indebido de la tecnología CRISPR podría implicar la creación de una base de datos mundial de investigaciones genéticas y la mejora de la comunicación entre las comunidades científicas y los organismos reguladores. Desarrollar y promover directrices éticas para el uso de CRISPR y otras tecnologías de edición genética tanto en contextos civiles como militares debería poner de relieve la importancia de prevenir el uso indebido y garantizar que la investigación genética se lleve a cabo de manera responsable.

Si bien la tecnología CRISPR es muy prometedora para mejorar la salud y las capacidades humanas, su posible uso para crear armas biológicas plantea riesgos importantes. La comunidad internacional debe tomar medidas proactivas para cerrar las brechas regulatorias y establecer nuevos marcos para regular el uso de tecnologías de edición genética en la guerra. Al hacerlo, podemos ayudar a garantizar que estas poderosas herramientas se utilicen en beneficio de la humanidad y no como instrumentos de destrucción.

En este panorama de rápida evolución, es fundamental que los responsables de las políticas, los líderes militares y las organizaciones internacionales entablen un diálogo y elaboren estrategias para abordar los posibles riesgos y beneficios de los soldados y organismos modificados mediante CRISPR. El objetivo debería ser garantizar que las mejoras genéticas se utilicen de manera responsable y ética, evitando su uso indebido y mitigando el potencial de conflicto.

En todo el mundo, numerosos países se han embarcado en la investigación de las aplicaciones militares de la tecnología CRISPR. Mientras que algunas naciones apenas están comenzando a explorar su potencial, otras están compitiendo activamente para aprovechar estos avances genéticos para obtener una ventaja estratégica sobre sus rivales internacionales. Países como Estados Unidos y China ya han invertido mucho en la investigación de CRISPR, no solo para avances médicos sino también para posibles aplicaciones de defensa. En 2018, la Agencia de Proyectos de Investigación Avanzada de Defensa (DARPA) de Estados Unidos anunció una importante financiación para tecnologías de edición genética, lo que subraya su potencial para proteger contra amenazas biológicas y mejorar el rendimiento de los soldados. Esta iniciativa, parte del esfuerzo más amplio de DARPA para mantener la superioridad tecnológica y la seguridad nacional, tiene como objetivo explorar las capacidades de doble uso de CRISPR en contextos militares tanto defensivos como ofensivos.

La inversión de la DARPA en la tecnología CRISPR es multifacética. Programas como Safe Genes se centran en el desarrollo de métodos robustos para controlar las actividades de edición genética, garantizando que dichas tecnologías puedan utilizarse de forma segura y eficaz. Estas iniciativas incluyen la creación de "interruptores de apagado" genéticos para evitar modificaciones genéticas no deseadas o dañinas, que son cruciales para el uso responsable de herramientas de edición genética. Además, la investigación de la DARPA sobre CRISPR incluye proyectos destinados a mejorar las capacidades físicas y cognitivas de los soldados. Al permitir potencialmente una recuperación más rápida de las lesiones, una mayor resistencia a las tensiones ambientales y una mejor agudeza mental, CRISPR podría transformar fundamentalmente las capacidades del personal militar.

De manera similar, las inversiones de China en biotecnología han sido sustanciales, lo que refleja un interés estratégico en aprovechar la tecnología CRISPR tanto para fines civiles como militares. Los informes sugieren que el ejército chino está explorando activamente el uso de tecnologías de edición genética para crear combatientes mejorados. Esto incluye investigaciones para aumentar la fuerza física, la resistencia y la resiliencia entre los soldados. El enfoque de China en la investigación sobre CRISPR es parte de una estrategia nacional más amplia para lograr el dominio tecnológico en campos científicos clave, incluida la biotecnología.

En 2017, científicos chinos fueron noticia por la exitosa edición de embriones humanos para eliminar una mutación genética que causa un trastorno sanguíneo potencialmente fatal. Si bien el enfoque principal de esta investigación era médico, las técnicas y los conocimientos adquiridos tienen claras implicaciones para las aplicaciones militares. La capacidad de editar genes con precisión abre la posibilidad de mejorar el rendimiento humano de maneras que podrían proporcionar una ventaja significativa en el campo de batalla.

Las inversiones estratégicas de Estados Unidos y China en la tecnología CRISPR ponen de relieve la creciente carrera armamentista en el campo de la ingeniería genética. Esta competencia no sólo tiene como objetivo lograr avances médicos, sino también obtener una ventaja estratégica en conflictos futuros. A medida que ambas naciones sigan ampliando los límites de la investigación CRISPR, las implicaciones éticas y de seguridad de dichos avances serán cada vez más evidentes. El potencial para crear una nueva clase de soldados mejorados plantea profundas preguntas sobre el futuro de la guerra y el papel de la tecnología genética en la configuración de la dinámica de poder global.

Consideremos el artículo de NBC News de 2020 titulado "China ha realizado pruebas en humanos para crear súper soldados mejorados biológicamente, dice alto funcionario estadounidense". La inteligencia estadounidense ha revelado que China ha realizado "pruebas en humanos" en miembros del Ejército Popular de Liberación con el objetivo de desarrollar soldados con "capacidades biológicamente mejoradas", según John Ratcliffe, director de inteligencia nacional de Estados Unidos. Esta afirmación se hizo en un artículo de opinión del Wall Street Journal, que enfatizaba que China es una amenaza significativa para la seguridad nacional de Estados Unidos.

La afirmación de Ratcliffe, que sugiere una actividad similar a la de los "súper soldados" ficticios, no fue explicada en detalle por su oficina ni por la CIA. El año pasado, los académicos estadounidenses Elsa Kania y Wilson VornDick publicaron un artículo que indicaba el interés de China en aplicar la biotecnología, en particular CRISPR, para mejorar el rendimiento humano en el campo de batalla. CRISPR, una herramienta de edición genética, es éticamente controvertida cuando se utiliza para mejorar las capacidades de individuos sanos. Los académicos destacaron la visión de China de la biotecnología como un futuro activo estratégico en asuntos militares. Citaron una declaración de 2017 de un general chino sobre el impacto revolucionario de la integración de la biotecnología con otros campos avanzados en la guerra.

VornDick expresó su preocupación por las consecuencias imprevistas de las modificaciones genéticas. El gobierno chino no hizo comentarios sobre estas acusaciones. El mensaje más amplio de Ratcliffe fue que China representa la mayor amenaza actual para la seguridad estadounidense y mundial, e instó al presidente electo Joe Biden a reconocer esta amenaza.

Estos avances ponen de relieve la necesidad de un diálogo y una reglamentación internacionales para abordar los desafíos éticos y de seguridad que plantea la ingeniería genética. Mientras países como Estados Unidos y China avanzan con sus investigaciones sobre CRISPR, la comunidad internacional debe abordar las implicaciones de estas poderosas tecnologías y trabajar para lograr marcos que garanticen su uso responsable.

Al igual que China, Rusia también ha mostrado un interés significativo en las tecnologías genéticas para aplicaciones militares, lo que indica su intención de permanecer a la vanguardia de este campo emergente. En una entrevista de 2017, el presidente ruso, Vladimir Putin, advirtió que "la humanidad pronto podría crear algo peor que una bomba nuclear. Uno puede imaginar que un hombre puede crear a un hombre con ciertas características dadas, no solo teóricamente sino también prácticamente. Puede ser un matemático genial, un músico brillante o un soldado, un hombre que puede luchar sin miedo, compasión, arrepentimiento o dolor". A pesar de la preocupación superficial de Putin, se informa que el ejército ruso está implementando "pasaportes genéticos" para su personal, una iniciativa innovadora diseñada para evaluar las predisposiciones genéticas y optimizar las asignaciones de roles en función de la composición genética de un individuo. Este enfoque tiene como objetivo aprovechar los conocimientos genéticos para colocar a los soldados en roles en los que puedan desempeñarse de manera más efectiva, mejorando así la eficiencia y la capacidad militar general.

El programa de "pasaporte genético" forma parte de un esfuerzo más amplio y ambicioso para mejorar el rendimiento humano mediante la investigación genética de vanguardia. Mediante el análisis de los perfiles genéticos de sus soldados, el ejército ruso espera identificar rasgos como la resistencia física, la tolerancia al estrés y las capacidades cognitivas, que luego se pueden adaptar a tareas militares específicas. Por ejemplo, los individuos con marcadores genéticos de alta resistencia al estrés podrían ser asignados a entornos de alta presión, como operaciones especiales o unidades de inteligencia, mientras que aquellos con atributos físicos superiores podrían ser destinados a funciones de combate que requieran un esfuerzo físico significativo.

El presidente ruso, Vladimir Putin, ha dejado claro que la investigación genética es una prioridad estratégica para la defensa nacional. Mediante una serie de decretos, ha ordenado la integración de la elaboración de perfiles genéticos en las estrategias de defensa del país, subrayando la importancia crítica de la investigación genética para mantener y mejorar la capacidad militar de Rusia. Estos decretos destacan el potencial de las tecnologías genéticas no sólo para mejorar el rendimiento individual de los soldados, sino también para contribuir a unas capacidades militares más amplias.

Además de los pasaportes genéticos, Rusia está invirtiendo fuertemente en otros aspectos de la investigación genética, lo que la sitúa a la vanguardia de una nueva clase de carrera armamentista biológica. Esto incluye la exploración de tecnologías avanzadas de edición genética como CRISPR con el objetivo de desarrollar potencialmente soldados mejorados. Estos soldados podrían poseer capacidades físicas y cognitivas aumentadas mucho más allá de las capacidades actuales de los humanos comunes. Las comunidades militares y científicas rusas no solo se están centrando en aplicaciones inmediatas, sino que también están profundizando en mejoras genéticas a largo plazo que podrían proporcionar una ventaja estratégica en conflictos futuros.

El alcance de esta investigación es amplio y abarca una variedad de modificaciones genéticas que podrían revolucionar la eficacia militar. Por ejemplo, se hace especial hincapié en la base genética de la rápida cicatrización de las heridas. Mediante la identificación y la mejora de los genes responsables de la regeneración de los tejidos, los científicos rusos pretenden crear soldados que puedan recuperarse de las heridas mucho más rápido de lo normal, reduciendo el tiempo de inactividad y manteniendo la preparación para el combate.

Para un país como Rusia, que abarca una vasta extensión de territorio gélido y a menudo inhóspito, mejorar la resistencia a condiciones ambientales extremas mediante la investigación genética tiene importantes beneficios estratégicos y operativos. La capacidad de modificar a los soldados para que resistan mejor los climas rigurosos sería particularmente ventajosa en varios sentidos.

Rusia tiene amplios intereses en la región del Ártico, rica en recursos naturales y de gran importancia geopolítica. La capacidad de desplegar soldados genéticamente mejorados para resistir el frío extremo permitiría operaciones militares sostenidas en esas gélidas condiciones. Una mayor resistencia al frío evitaría lesiones comunes relacionadas con el resfriado, como la congelación y la hipotermia, y mantendría la salud y la preparación de los soldados.

Las modificaciones que permiten a los soldados regular mejor su temperatura corporal y sus procesos metabólicos en condiciones de frío extremo mejorarían las tasas de supervivencia. Los soldados tendrían menos probabilidades de sucumbir a las condiciones ambientales estresantes que suelen afectar el rendimiento. Esto significa que podrían permanecer activos y alertas durante períodos más prolongados, realizar sus tareas con mayor eficacia y recuperarse más rápidamente de la exposición a condiciones adversas.

La geografía de Rusia incluye vastas regiones con climas severos, desde Siberia hasta las zonas montañosas del Lejano Oriente. Los soldados con mayor resistencia a estos entornos podrían realizar operaciones de manera más eficiente, ya sea patrullando fronteras, respondiendo a desastres naturales o participando en escenarios de combate. Esta adaptabilidad proporcionaría una ventaja estratégica, permitiendo a las fuerzas militares rusas operar en áreas donde los adversarios podrían tener dificultades.

La capacidad de operar eficazmente en climas hostiles ampliaría las capacidades de despliegue de las unidades militares rusas. Los soldados podrían estar estacionados en lugares remotos y estratégicos durante períodos más prolongados sin necesidad de rotaciones frecuentes ni de un amplio apoyo logístico para mitigar los efectos del medio ambiente. Esto mejoraría la capacidad de Rusia para mantener una presencia militar constante y sólida en zonas críticas.

Además de los entornos fríos, las modificaciones que mejoran la resistencia a una variedad de condiciones extremas, incluido el calor, harían que las fuerzas rusas fueran más versátiles. Esto sería beneficioso para las operaciones en diversos climas, como las regiones desérticas de Oriente Medio, donde Rusia tiene intereses políticos y militares. Los soldados que pueden adaptarse a diversos extremos ambientales serían una ventaja en los despliegues globales.

Mejorar la capacidad de los soldados para soportar condiciones extremas podría reducir la necesidad de equipo y ropa especializados diseñados para protegerse contra climas rigurosos. Esto se traduciría en ahorros económicos y eficiencias logísticas, ya que se reduciría la carga de transporte y mantenimiento de dicho equipo. Los recursos podrían entonces asignarse a otras áreas críticas, mejorando la eficacia militar general.

Un ejemplo histórico de cómo los climas fríos afectaron el resultado de una guerra es la invasión de Rusia por Napoleón en 1812. El duro invierno ruso jugó un papel crucial en la derrota del ejército francés y tuvo un impacto significativo en el curso de las guerras napoleónicas.

En junio de 1812, Napoleón Bonaparte lanzó su Grande Armée, compuesta por más de 600.000 soldados, a Rusia con el objetivo de obligar al zar Alejandro I a permanecer en el bloqueo continental contra Gran Bretaña. Al principio, el ejército de Napoleón avanzó rápidamente, pero a medida que se adentraba más en territorio ruso, se enfrentó a graves desafíos logísticos. Las enormes distancias y las tácticas de tierra arrasada empleadas por los rusos, que quemaban sus propias aldeas y cultivos para negar recursos a los franceses, comenzaron a tensar las líneas de suministro de Napoleón.

Las fuerzas francesas capturaron Moscú en septiembre de 1812, pero en lugar de pedir la paz, los rusos se retiraron y dejaron la ciudad prácticamente abandonada. Con el invierno acercándose y sin una victoria decisiva a la vista, el ejército de Napoleón se enfrentó a una situación desesperada. En octubre, Napoleón decidió retirarse de Moscú.

La retirada resultó desastrosa. La llegada temprana de un invierno brutal trajo consigo temperaturas de hasta -30 grados Celsius (-22 grados Fahrenheit). Los soldados franceses, que no estaban preparados para un frío tan extremo, sufrieron congelación, hambre y enfermedades. El frío inmovilizó a las tropas y a los caballos, lo que hizo que el movimiento fuera difícil y lento. El ejército ruso y los partisanos hostigaron constantemente a las fuerzas francesas en retirada, lo que agravó aún más su miseria.

Cuando los restos de la Grande Armée cruzaron el río Berezina a finales de noviembre, sólo quedaban unos 27.000 soldados en condiciones de combatir. La retirada de Rusia diezmó al ejército de Napoleón, y la gran mayoría de sus tropas murieron, fueron capturadas o quedaron incapacitadas por el frío y otras penurias.

El fracaso de la campaña rusa marcó un punto de inflexión en las guerras napoleónicas. Debilitó significativamente el poder militar de Napoleón y envalentonó a sus enemigos en toda Europa, lo que llevó a una coalición que finalmente lo derrotaría. El invierno ruso, con su frío extremo y sus desafíos logísticos, jugó un papel fundamental en el colapso de la campaña de Napoleón y la caída final de su imperio.

Los soldados rusos que están genéticamente mejorados para afrontar mejor los entornos extremos probablemente experimentarán una mayor resiliencia psicológica. Saber que pueden soportar condiciones duras aumentaría su confianza y moral, lo que daría lugar a unidades más cohesionadas y eficaces. Esta ventaja psicológica podría ser crucial para mantener altos niveles de rendimiento durante operaciones prolongadas y exigentes.

Además de Estados Unidos, China y Rusia, otros países también están explorando el uso de CRISPR y otras tecnologías genéticas para aplicaciones militares. El Reino Unido, por ejemplo, ha mostrado un interés significativo en el ámbito de la ingeniería genética con fines de defensa. El gobierno británico ha estado invirtiendo activamente en investigación de defensa genética, como se destaca en sus revisiones integrales de defensa nacional. Estas revisiones enfatizan constantemente la importancia estratégica de los avances en ingeniería genética para mantener la seguridad nacional y las capacidades de defensa. Esbozan una visión en la que las modificaciones genéticas podrían mejorar las capacidades físicas y cognitivas del personal militar, ofreciendo una ventaja táctica significativa.

En el centro de estos esfuerzos se encuentra la Agencia de Investigación e Invención Avanzada (Aria) del Reino Unido, una nueva iniciativa que sigue el modelo de la DARPA de los Estados Unidos. Aria está preparada para liderar la investigación y la innovación pioneras en tecnología genómica, especialmente diseñada para aplicaciones de defensa. Con el mandato de explorar y desarrollar tecnologías de vanguardia, se espera que Aria amplíe los límites de lo que es posible con la ingeniería genética. Esto incluye el desarrollo potencial de soldados mejorados genéticamente, una mayor resiliencia frente a amenazas biológicas y nuevas soluciones biotecnológicas para los desafíos militares contemporáneos.

Sin embargo, las operaciones de Aria han suscitado cierta controversia. A diferencia de muchas otras agencias gubernamentales, Aria opera con un alto grado de autonomía y una rendición de cuentas pública significativamente menor. Esta falta de transparencia ha suscitado inquietudes entre los especialistas en ética, los responsables de las políticas y el público en general. El temor es que, sin una supervisión ética rigurosa, la búsqueda de tecnologías genéticas avanzadas pueda conducir a transgresiones éticas y consecuencias no deseadas. Los críticos sostienen que el potencial de mal uso o experimentación imprudente aumenta cuando los mecanismos de supervisión son débiles o inexistentes.

Además, el carácter secreto de los proyectos de Aria ha alimentado la especulación y la preocupación. Dada la naturaleza sensible de la investigación genética, en particular en el contexto de las aplicaciones militares, el llamado a una mayor transparencia y regulación ética es cada vez más fuerte. El debate se centra en asegurar que los avances en ingeniería genética no se produzcan a expensas de las normas éticas o la confianza pública. A medida que el Reino Unido continúa avanzando en su investigación de defensa genética, equilibrar la innovación con la responsabilidad ética será crucial para navegar por el complejo panorama de la tecnología militar moderna.

Francia es otro país que ha estado explorando activamente el potencial de las tecnologías genéticas para fines militares. El interés del ejército francés en la mejora genética se evidencia en la reciente aprobación por parte de su comité de ética militar para realizar investigaciones sobre la mejora de los soldados mediante modificaciones genéticas. Esta decisión histórica refleja un cambio significativo en la estrategia militar, que pone de relieve la voluntad de profundizar y potencialmente implementar mejoras genéticas que podrían revolucionar las capacidades físicas y cognitivas del personal militar.

La iniciativa del ejército francés de investigar genéticamente no es sólo una exploración teórica, sino un paso pragmático para preparar a sus fuerzas armadas para el futuro. Al investigar las modificaciones genéticas, Francia pretende formar soldados con una fuerza superior, una mayor resistencia y tiempos de recuperación más rápidos de las lesiones.

La exploración de tecnologías genéticas por parte de Francia forma parte de una tendencia más amplia entre las principales potencias militares de integrar biotecnologías avanzadas en sus estrategias de defensa. Esta iniciativa se alinea con los esfuerzos globales por aprovechar la ciencia de vanguardia para mejorar la seguridad nacional y mantener la superioridad militar. La aprobación ética por parte del comité de ética militar francés subraya el reconocimiento de las profundas implicaciones que conlleva dicha investigación, equilibrando la búsqueda de avances tecnológicos con consideraciones de responsabilidad moral y ética.

Este paso también es una señal del compromiso de Francia de mantenerse a la vanguardia de la innovación militar, garantizando que sus fuerzas armadas no sólo estén equipadas con las armas convencionales más modernas, sino que también estén mejoradas a nivel biológico. Las implicaciones de estos avances son enormes y podrían redefinir los estándares de excelencia militar y reconfigurar el futuro de la guerra. A medida que avance la investigación, el enfoque del ejército francés respecto de las modificaciones genéticas probablemente servirá como un referente para otras naciones que estén considerando mejoras similares, sentando precedentes tanto en capacidades tecnológicas como en marcos éticos.

La posibilidad de una carrera armamentista en el campo de la tecnología genética plantea numerosas preocupaciones éticas y estratégicas. A diferencia de las armas tradicionales, que están sujetas a diversos tratados y reglamentos internacionales, las mejoras genéticas plantean una nueva frontera con relativamente pocos controles existentes. La Convención sobre Armas Biológicas (BWC), que prohíbe las armas biológicas y toxínicas, no aborda específicamente los matices de la modificación genética con fines militares. Esta laguna normativa podría dar lugar a avances descontrolados, ya que las naciones podrían priorizar la seguridad nacional por sobre la cooperación internacional y las consideraciones éticas.

Además, la ventaja estratégica que obtendrían las naciones que desarrollaran con éxito soldados mejorados con CRISPR podría ser profunda. Una fuerza militar con tropas modificadas genéticamente podría superar a los soldados convencionales, modificando la dinámica de poder en los conflictos. Esta ventaja podría presionar a otras naciones a buscar tecnologías similares, lo que desencadenaría un ciclo de mejoras competitivas que recordaría al aumento de las armas nucleares.

Las implicaciones de una carrera armamentista genética se extienden más allá del campo de batalla. Las ramificaciones sociales y morales son inmensas, ya que la línea entre humanos y máquinas se vuelve cada vez más difusa. La búsqueda de la superioridad genética podría conducir a una nueva era de eugenesia, donde la definición del valor y el potencial humanos esté dictada por las mejoras genéticas. Este resultado distópico, aunque especulativo, subraya la necesidad urgente de un diálogo internacional y de marcos regulatorios para regular el uso de CRISPR en contextos militares.

A medida que la tecnología de los soldados CRISPR se haga más común, es probable que un número cada vez mayor de países, incluidos aquellos con gobernantes más inescrupulosos, comiencen a usar y potencialmente abusar de esta poderosa tecnología. Por ejemplo, Corea del Norte bajo el mando de Kim Jong-un, conocida por su postura militar agresiva y su desprecio por las normas internacionales, podría explotar la tecnología

CRISPR para crear una nueva generación de supersoldados, mejorando sus capacidades físicas y cognitivas sin supervisión ética. De manera similar, China bajo el mando de Xi Jinping ha demostrado un fuerte interés en el avance de las tecnologías militares y puede aprovechar las modificaciones genéticas para obtener una ventaja estratégica. En esas manos, la tecnología CRISPR podría usarse para crear tropas mejoradas, lo que plantearía el espectro de los abusos de los derechos humanos, las modificaciones genéticas forzadas y el despliegue de estos soldados de manera agresiva y opresiva. Esta proliferación plantea riesgos significativos, ya que podría conducir a una carrera armamentista en materia de mejoras genéticas, desestabilizando la seguridad internacional y exacerbando las tensiones globales. La falta de regulaciones internacionales estrictas y mecanismos de supervisión agrava aún más estos peligros, lo que hace imperativo que la comunidad mundial aborde los desafíos éticos y legales que plantea la adopción generalizada de mejoras militares basadas en CRISPR.

Aunque el público en general conoce el interés de algunos países en la tecnología CRISPR con fines militares, se cree que muchos países han llevado a cabo investigaciones y pruebas mucho más exhaustivas de lo que revelan abiertamente. Estos esfuerzos suelen estar rodeados de secreto, ya que las ventajas estratégicas que ofrecen las modificaciones genéticas se consideran información militar altamente sensible. Los gobiernos están interesados en mantener sus avances en secreto para mantener una ventaja sobre los adversarios potenciales.

En esta carrera clandestina, los países invierten mucho en investigación genética de vanguardia, trabajando en instalaciones seguras, lejos de miradas indiscretas. Estos programas secretos exploran una gama de aplicaciones, desde mejorar las capacidades físicas y cognitivas de los soldados hasta desarrollar cultivos y ganado más resistentes para la logística militar. Al mantener estos avances en secreto, las naciones pretenden sorprender a sus rivales con capacidades que aún no se comprenden o se contrarrestan ampliamente.

Además, las implicaciones de revelar tales investigaciones son significativas. Reconocer públicamente los programas avanzados de modificación genética podría provocar la condena internacional y dar lugar a medidas regulatorias estrictas que podrían frenar el progreso. Por lo tanto, las naciones optan por ocultar sus esfuerzos con CRISPR y compartir información solo cuando es necesario, dentro de círculos estrictamente controlados de personal militar y científico.

Mientras nos adentramos en este territorio inexplorado, la pregunta sigue siendo: ¿puede la comunidad global encontrar un equilibrio entre aprovechar los beneficios de la tecnología CRISPR y evitar su uso indebido? Hay mucho en juego, y el futuro del mejoramiento genético en la guerra dependerá de las acciones colectivas de las naciones, los científicos y los responsables de las políticas.

CAPÍTULO 6.
LA CIENCIA DE LOS SUPERSOLDADOS

El proceso de creación de soldados modificados genéticamente mediante la tecnología CRISPR presenta numerosos desafíos técnicos que deben abordarse. Si bien el potencial de mejorar las capacidades físicas y cognitivas es prometedor, la complejidad de la genética humana y las limitaciones de la tecnología actual plantean obstáculos importantes.

Uno de los principales retos es la edición precisa del genoma humano. Aunque CRISPR-Cas9 ha revolucionado el campo de la ingeniería genética con su capacidad para dirigirse a secuencias de ADN específicas, no está exento de defectos. Los efectos no deseados, en los que CRISPR edita inadvertidamente partes no deseadas del genoma, siguen siendo una preocupación importante. Estas modificaciones no deseadas pueden conducir a consecuencias impredecibles, causando potencialmente mutaciones dañinas o alterando genes esenciales. Un estudio publicado en la revista *Nature Methods* subrayó los peligros potenciales asociados con la tecnología CRISPR, revelando que puede introducir inadvertidamente numerosas mutaciones no deseadas. Estos cambios genéticos no deseados ocurren cuando CRISPR-Cas9, mientras edita el gen objetivo, también realiza alteraciones en otras partes del genoma. Tales mutaciones no deseadas podrían tener implicaciones impredecibles y potencialmente graves para la salud y la seguridad de los soldados modificados genéticamente.

Los hallazgos de este estudio son particularmente preocupantes en un contexto militar, donde la precisión y la confiabilidad son primordiales. Los efectos fuera del objetivo podrían resultar en una variedad de consecuencias no deseadas, desde problemas de salud menores hasta afecciones graves que pongan en peligro la vida. Por ejemplo, una mutación fuera del objetivo podría activar oncogenes, lo que llevaría a un mayor riesgo de cáncer, o alterar genes críticos para la función inmunológica, lo que haría que los soldados fueran más susceptibles a las infecciones.

Además, los efectos acumulativos de múltiples mutaciones fuera del objetivo podrían comprometer el rendimiento físico y mental general de los soldados modificados genéticamente. Esto podría anular los beneficios previstos de las mejoras genéticas, lo que daría lugar a soldados que no solo serían menos eficaces sino que también correrían un mayor riesgo de sufrir problemas de salud a largo plazo. La imprevisibilidad de estos cambios genéticos también plantea un desafío importante para el seguimiento y el tratamiento médicos, ya que puede resultar difícil identificar y gestionar la amplia gama de posibles efectos secundarios.

Estos riesgos plantean serias cuestiones éticas y prácticas sobre el uso de la tecnología CRISPR en aplicaciones militares. Si bien la promesa de crear supersoldados con capacidades mejoradas es atractiva, no se puede ignorar el potencial de efectos secundarios genéticos nocivos. El estudio de *Nature Methods* sirve como un recordatorio crítico de la necesidad de realizar pruebas rigurosas y tener en cuenta consideraciones éticas en el desarrollo de tecnologías de edición genética, en particular cuando se aplican a seres humanos.

Otro desafío importante es la administración de los componentes CRISPR al cuerpo humano. Para el éxito de las modificaciones genéticas es fundamental contar con sistemas de administración eficientes y específicos. Los vectores virales, como los adenovirus, se utilizan habitualmente para administrar los componentes CRISPR a las células, pero conllevan riesgos de respuestas inmunitarias y mutagénesis insercional. Se están explorando métodos de administración no virales, como las nanopartículas lipídicas, pero actualmente carecen de la eficiencia y la especificidad necesarias para una aplicación clínica generalizada. Los investigadores están desarrollando y probando continuamente nuevos métodos de administración para superar estos obstáculos, pero aún no se ha logrado un sistema universalmente eficaz y seguro.

Además, la complejidad de los rasgos humanos, especialmente los relacionados con las mejoras físicas y cognitivas, añade otra capa de dificultad. La mayoría de los rasgos son poligénicos, lo que significa que están influidos por múltiples genes, y las interacciones entre estos genes no se entienden por completo. Por ejemplo, mejorar la fuerza muscular podría implicar la edición de varios genes relacionados con la composición de las fibras musculares, el metabolismo y los factores de crecimiento. Cada uno de estos genes puede tener efectos pleiotrópicos, que afectan a varias vías biológicas y pueden dar lugar a efectos secundarios imprevistos. La intrincada interacción de las redes genéticas significa que una modificación destinada a mejorar un rasgo podría perjudicar inadvertidamente a otro, lo que hace que la tarea de crear un soldado modificado genéticamente completo sea extremadamente compleja.

Las consideraciones éticas también se entrecruzan con los desafíos técnicos. La posibilidad de editar la línea germinal, mediante la cual las modificaciones genéticas se transmiten a las generaciones futuras, plantea importantes preocupaciones éticas y de seguridad. Aunque el foco de las aplicaciones militares podría estar en la edición de células somáticas, que afecta sólo al individuo y no a su descendencia, los efectos a largo plazo de tales modificaciones siguen siendo desconocidos. Las implicaciones éticas de crear individuos mejorados que podrían tener una ventaja injusta sobre otros, y el posible impacto social, deben sopesarse cuidadosamente frente a los beneficios percibidos.

Uno de los avances más significativos en la tecnología CRISPR es el desarrollo de variantes Cas9 de alta fidelidad. Estas enzimas modificadas han reducido la actividad fuera del objetivo, lo que hace que la edición del genoma sea más precisa y segura. Según un estudio de 2018 publicado en *Nature*, estas variantes Cas9 de alta fidelidad, como SpCas9-HF1 y eSpCas9, presentan significativamente menos efectos fuera del objetivo en comparación con sus predecesoras, lo que aumenta la confiabilidad de CRISPR como herramienta para la modificación genética.

La complejidad del genoma humano plantea obstáculos adicionales. El genoma humano contiene vastas regiones de ADN no codificante, secuencias repetitivas y variaciones estructurales que pueden complicar el proceso de edición. Garantizar que el sistema CRISPR-Cas9 se dirija a la ubicación correcta sin alterar otros elementos genéticos importantes sigue siendo un desafío importante. Un estudio publicado en *Genome Biology* en 2019 destacó estas complejidades y señaló que incluso con variantes de alta fidelidad, no se puede eliminar por completo la posibilidad de alteraciones genómicas no deseadas.

Otra limitación crítica es la incapacidad actual para controlar los mecanismos de reparación que siguen al corte de ADN realizado por Cas9. Después de que Cas9 realiza una rotura de doble cadena, los procesos de reparación naturales de la célula toman el control. Las dos vías principales, la unión de extremos no homólogos (NHEJ) y la reparación dirigida por homología (HDR), pueden conducir a resultados impredecibles. La NHEJ, que es más común, a menudo da como resultado inserciones o deleciones que pueden introducir mutaciones no deseadas. La HDR, aunque es más precisa, requiere una plantilla para la reparación y es menos eficiente en la mayoría de las células. Los investigadores están trabajando activamente para mejorar estas vías de reparación para mejorar la precisión y la previsibilidad de las ediciones inducidas por CRISPR.

En un momento en que nos encontramos en la antesala de estos avances tecnológicos, es esencial reconocer tanto el potencial extraordinario como los riesgos inherentes de la tecnología CRISPR. El camino a seguir requerirá una cuidadosa consideración de las cuestiones éticas, técnicas y de seguridad, asegurándose de que la búsqueda de la perfección genética no eclipse los principios fundamentales de la ciencia responsable.

Más allá de las complejidades de la precisión y las limitaciones de CRISPR, es fundamental comprender cómo se están aplicando estos avances tecnológicos en diversos ámbitos, en particular en el ámbito de las mejoras militares. La intersección de CRISPR y las aspiraciones militares presenta un panorama complejo en el que la innovación científica se encuentra con consideraciones éticas y estratégicas, lo que configura el futuro de la guerra de maneras sin precedentes.

En el frente técnico, George Church, un destacado genetista de la Universidad de Harvard, ha estado explorando las amplias posibilidades de las modificaciones genéticas. El trabajo de Church incluye intentos de mejorar la resiliencia humana a las enfermedades y al envejecimiento, lo que podría traducirse directamente en soldados más robustos. Sin embargo, advierte contra la aplicación prematura de tales tecnologías. Church señala que los efectos a largo plazo de las modificaciones genéticas aún son en gran parte desconocidos, y los efectos no deseados (cambios no deseados en el genoma) siguen siendo un riesgo significativo. Estas alteraciones no deseadas podrían tener consecuencias imprevistas para la salud, socavando las mejoras que CRISPR pretende lograr.

El biotecnólogo Feng Zhang, otra figura clave en el desarrollo de la tecnología CRISPR, encarna una combinación de optimismo cauteloso y rigor científico en su enfoque de la edición genética. Reconociendo las profundas implicaciones del potencial de CRISPR para crear "supersoldados" con capacidades físicas y cognitivas mejoradas, Zhang mantiene una perspectiva equilibrada que enfatiza tanto las posibilidades transformadoras como la necesidad crítica de supervisión ética.

Zhang, que está a la vanguardia de la investigación sobre CRISPR, se centra en abordar los desafíos técnicos que acompañan a esta poderosa herramienta. Se dedica a perfeccionar la tecnología CRISPR para mejorar su precisión y reducir significativamente los efectos no deseados, que son cambios no deseados en el genoma que pueden resultar del proceso de edición. Estos esfuerzos no son meramente académicos; son pasos esenciales para garantizar la seguridad y eficacia de cualquier aplicación potencial, en particular en el contexto altamente sensible del uso militar.

La meticulosa investigación de Zhang implica el desarrollo de sistemas CRISPR más precisos y fiables, como CRISPR-Cas12 y CRISPR-Cas13, que ofrecen diferentes mecanismos de acción y una especificidad potencialmente mayor. Al avanzar en estas tecnologías, Zhang pretende crear un conjunto de herramientas que se pueda adaptar a diversos objetivos genéticos con un riesgo mínimo de consecuencias no deseadas. Esta precisión es crucial para cualquier aplicación futura en la que las modificaciones genéticas deban ser seguras, eficaces y reversibles si es necesario.

El cauto optimismo de Zhang refleja un compromiso con el avance del conocimiento científico y la protección de los valores humanos. Su trabajo ejemplifica el doble camino de la innovación y la responsabilidad, y establece un alto estándar sobre cómo deben desarrollarse y aplicarse las tecnologías innovadoras. A medida que CRISPR siga evolucionando, las contribuciones de Zhang sin duda desempeñarán un papel crucial en la configuración de un futuro en el que la ingeniería genética pueda integrarse de manera segura y ética en varios aspectos de la vida humana, incluido el complejo y controvertido ámbito del mejoramiento militar.

Otra preocupación urgente planteada por los expertos es la posibilidad de que las modificaciones genéticas sean heredadas por generaciones futuras. Marcy Darnovsky, directora ejecutiva del Centro de Genética y Sociedad, destaca las profundas preocupaciones éticas y de seguridad asociadas con las modificaciones de la línea germinal (cambios en el genoma que pueden transmitirse a la descendencia). Esta cuestión es particularmente preocupante si se considera el uso de la ingeniería genética por parte de los militares, ya que las implicaciones se extienden mucho más allá de los soldados individuales que se mejoran.

La edición de la línea germinal, a diferencia de la edición somática, que altera los genes de una manera no hereditaria, afecta al mismísimo código genético humano. Mientras que la edición somática podría limitarse a soldados individuales, con el objetivo de conseguir rasgos específicos como una mayor fuerza muscular o una curación más rápida sin afectar a sus descendientes, la edición de la línea germinal introduce cambios permanentes en el código genético. Esto significa que cualquier modificación que se haga podría propagarse a través de las generaciones futuras, alterando potencialmente el curso de la evolución humana.

Imaginemos un futuro en el que una nación rebelde, impulsada por el deseo de dominar el escenario mundial, se embarca en secreto en un ambicioso programa genético para crear los mejores supersoldados. A diferencia de las mejoras convencionales, que modifican solo al individuo sin afectar a sus descendientes, esta nación opta por el enfoque más radical de la edición de la línea germinal. Esto implica alterar el mismísimo diseño de la biología humana, introduciendo cambios permanentes que se transmitirán de generación en generación.

Surge la primera generación de estos soldados modificados genéticamente, que muestran una destreza física extraordinaria, una capacidad de curación rápida y funciones cognitivas superiores. Se destacan en todas las operaciones militares y superan a sus adversarios con facilidad. El mundo observa con asombro y temor cómo estos súper soldados transforman el campo de batalla y le dan a su nación una ventaja estratégica sin precedentes.

Sin embargo, las verdaderas implicaciones de esta edición de la línea germinal comienzan a manifestarse cuando estos soldados comienzan a tener familias. Las modificaciones genéticas, diseñadas para la eficacia en el combate, ahora se propagan a través de su descendencia. Estos niños, nacidos con capacidades mejoradas, se enfrentan a un mundo que no está preparado para su existencia. Las escuelas luchan por adaptarse a sus capacidades físicas y mentales avanzadas, y la integración social se vuelve cada vez más difícil.

A medida que pasan las generaciones, las modificaciones siguen propagándose, y ya no se limitan a la élite militar. La población del país comienza a mostrar una brecha genética cada vez mayor. Quienes tienen los genes mejorados prosperan, mientras que quienes no los tienen quedan en desventaja significativa, lo que fomenta una nueva forma de desigualdad genética. Las tensiones sociales aumentan a medida que la población no mejorada exige igualdad de oportunidades y derechos, lo que conduce a un malestar generalizado y a la inestabilidad.

Además, comienzan a aparecer efectos genéticos secundarios imprevistos. Si bien las mejoras originales estaban destinadas a obtener ventajas en el campo de batalla, inadvertidamente alteran los procesos biológicos naturales. La mayor susceptibilidad a ciertas enfermedades, los efectos psicológicos imprevistos y la menor diversidad genética dan como resultado una población cada vez más vulnerable a nuevas crisis de salud. Las modificaciones genéticas, que antes se consideraban un avance milagroso, ahora amenazan la estructura misma de la sociedad.

A nivel internacional, otras naciones se apresuran a responder a esta nueva carrera armamentista genética. En un intento por mantenerse al día, lanzan sus propios programas de edición de la línea germinal, propagando aún más el ciclo de modificación genética. El panorama genético mundial cambia drásticamente y el camino evolutivo natural de la humanidad se altera irrevocablemente.

En este sombrío escenario, el uso imprudente de la edición de la línea germinal para la superioridad militar revela su lado oscuro. La promesa inicial de crear súper soldados se transforma en una realidad distópica donde la desigualdad genética, las consecuencias imprevistas para la salud y la inestabilidad social amenazan el futuro de la humanidad. El mundo aprende una dura lección: alterar los aspectos fundamentales de la biología humana conlleva riesgos que se extienden mucho más allá del campo de batalla y pueden alterar el curso de la evolución humana de maneras que no se pueden deshacer.

Las modificaciones de la línea germinal podrían dar lugar a una nueva forma de desigualdad genética, en la que ciertos rasgos considerados deseables se perpetúan en determinados grupos, mientras que otros se dejan de lado. Esto podría exacerbar las divisiones sociales existentes y dar lugar a nuevas formas de discriminación basadas en la "pureza" o las mejoras genéticas. Además, se desconocen los efectos a largo plazo de dichas modificaciones. Los cambios genéticos no deseados podrían manifestarse generaciones después, lo que podría introducir nuevas enfermedades o vulnerabilidades en el acervo genético humano.

Las preocupaciones en materia de seguridad son igualmente importantes. La complejidad de la genética humana implica que incluso las modificaciones bien intencionadas podrían tener consecuencias imprevistas. Por ejemplo, una edición genética destinada a mejorar la fuerza física podría aumentar inadvertidamente la susceptibilidad a otros problemas de salud. La falta de una comprensión integral de las interacciones genéticas y la epigenética (el estudio de los cambios en los organismos causados por la modificación de la expresión genética en lugar de la alteración del código genético en sí) añade otra capa de riesgo.

Además, el potencial uso indebido de la edición de la línea germinal en un contexto militar arroja una sombra siniestra sobre las consideraciones éticas. El impulso incesante para crear supersoldados podría conducir a experimentos imprudentes, apresurados y mal regulados, donde la búsqueda de poder supera las restricciones morales. La perspectiva de diseñar futuras generaciones de soldados con rasgos predeterminados de fuerza, inteligencia u obediencia inquebrantable no es solo un esfuerzo científico; es un paso desgarrador hacia una realidad distópica.

Esta oscura ambición amenaza con despojar a los soldados de su esencia misma de su autonomía y capacidad de acción, convirtiendo a los soldados en meras herramientas de guerra, cuyo destino genético estará dictado por el frío cálculo de la estrategia militar. Las implicaciones son escalofriantes y sugieren un futuro en el que las líneas entre la humanidad y la máquina se difuminan y en el que la santidad de la vida humana se ve comprometida en aras de crear una fuerza imparable en el campo de batalla.

Si bien la edición somática ofrece un enfoque más controlado y contenido para mejorar a los soldados individuales, la edición de la línea germinal abre la caja de Pandora de problemas éticos, de seguridad y sociales. Ahora que estamos a las puertas de estos avances tecnológicos, es crucial establecer normas y pautas éticas estrictas para evitar cambios irreversibles en el genoma humano que podrían afectar a incontables generaciones futuras.

En conjunto, estas opiniones de expertos revelan una tecnología que se tambalea al borde de un futuro distópico, donde el atractivo de un poder sin precedentes se ve ensombrecido por graves desafíos y dilemas éticos. El llamado de la comunidad científica a un enfoque cauteloso y mesurado en la aplicación de CRISPR, especialmente en el ámbito peligroso y de alto riesgo de la mejora militar, a menudo choca con las incesantes presiones ejercidas por el complejo militar-industrial. Este poderoso sector, impulsado por el lucro y la búsqueda de dominio, tiene poca paciencia para los debates éticos o la lenta marcha del cauteloso progreso científico.

En este sombrío panorama, las voces que abogan por la moderación y la supervisión ética corren el riesgo de quedar acalladas por el clamor por el progreso y el poder. La búsqueda de modificaciones genéticas para uso militar se encuentra en un punto de equilibrio, donde el potencial para crear supersoldados podría eclipsar las profundas implicaciones para el futuro de la humanidad. El impulso incesante del complejo militar-industrial para aprovechar las capacidades de CRISPR subraya una cruda realidad: la carrera por la mejora genética puede tener un costo incalculable, erosionando los cimientos mismos de la ciencia ética y el orden social.

A medida que profundizamos en las ventajas tácticas y las realidades del campo de batalla de los soldados modificados genéticamente, se hace imperativo considerar no sólo la viabilidad técnica, sino también las implicaciones más amplias de tales avances. Para comprender cómo estas mejoras podrían alterar la esencia misma de la guerra es necesario un examen exhaustivo tanto de los beneficios como de los riesgos involucrados.

Capítulo 7.
Ventajas tácticas y realidades del campo de batalla

En las siguientes páginas me gustaría que consideraran dos escenarios de batalla. La primera batalla tiene lugar entre dos naciones poderosas. Ambas naciones tienen una gran presencia militar, pero una tiene una ventaja estratégica muy significativa sobre la otra. Esta nación ha implementado el uso de soldados modificados genéticamente mediante CRISPR.

Al amanecer en el territorio en disputa, las fuerzas tradicionales de ambas naciones se despliegan, con tanques e infantería alineándose en las fronteras. Sin embargo, la nación con soldados mejorados con CRISPR, conocida como la Nación A, tiene un as escondido bajo la manga. En los densos bosques y las escarpadas montañas, sus tropas modificadas genéticamente, conocidas como la Vanguardia, se preparan para una ofensiva sin precedentes.

Los soldados de la Vanguardia poseen mejoras que llevan las capacidades humanas al límite. Sus fibras musculares son más densas, lo que les permite transportar cargas más pesadas y moverse con mayor velocidad y agilidad. La visión y la audición mejoradas les otorgan una mayor conciencia situacional, y sus funciones cognitivas modificadas les permiten tomar decisiones más rápidas y una mejor planificación estratégica. Su resistencia a las temperaturas extremas y la radiación los hace casi invencibles en entornos hostiles.

A medida que las primeras luces del alba se derraman sobre el horizonte, el aire está cargado de tensión. El estruendo de los tanques y el paso de las botas crean una sinfonía de conflicto inminente. Las tropas tradicionales de ambas naciones están listas, sus rostros son una mezcla de determinación y aprensión. Al otro lado de la estéril tierra de nadie, las fuerzas opuestas de la Nación A y la Nación B están preparadas para la batalla, sus líneas se extienden hasta donde alcanza la vista.

El silencio se ve interrumpido por el rugido ensordecedor del fuego de artillería. Las explosiones rasgan la tierra y lanzan columnas de humo y escombros hacia el cielo. Los soldados convencionales de ambos ejércitos avanzan, sus uniformes se mezclan con un mar caótico de movimiento. Se oyen disparos, las ráfagas entrecortadas acentúan los gritos de los heridos y el choque del metal contra el metal.

En medio de este caos tradicional, una nueva e inquietante presencia se hace presente. De entre las sombras del bosque y del terreno accidentado surgen los soldados de vanguardia de la Nación A. Ataviados con elegantes trajes de combate de alta tecnología, se mueven con una fluidez antinatural, cada uno de sus movimientos es preciso y calculado. No son soldados comunes; son la cumbre de la ingeniería genética, diseñados para la perfección en la guerra.

Los soldados de la Vanguardia avanzan, sus interfaces neuronales les permiten comunicarse y coordinarse con un nivel de eficiencia que parece casi telepático. Sin decir palabra, se dividen en escuadrones, cada unidad avanza hacia un objetivo específico con una concentración inquebrantable. Su visión mejorada atraviesa el humo y el polvo, identificando las posiciones enemigas con una precisión milimétrica.

A medida que se enfrentan al enemigo, la diferencia se hace evidente de inmediato. La fuerza mejorada de la Vanguardia les permite llevar armas pesadas sin esfuerzo, sus movimientos son rápidos y poderosos. Saltan obstáculos con facilidad, su agilidad no tiene comparación con la de ningún soldado convencional. En el combate cuerpo a cuerpo, son imparables, sus golpes destrozan huesos e incapacitan a los oponentes en segundos.

En medio del caos, otra marcada diferencia se hace evidente: la precisión perfecta de los soldados de la Vanguardia al disparar sus armas. Cada disparo es calculado y preciso, sus interfaces neuronales guían su puntería con una precisión incomparable. A diferencia de los soldados tradicionales, que a menudo disparan imprudentemente en el calor de la batalla, la visión genéticamente mejorada y las manos firmes de la Vanguardia garantizan que cada bala encuentre su objetivo. El número de muertos entre las tropas de la Nación B se dispara a medida que la Vanguardia elimina a sus objetivos con una eficiencia clínica, cada disparo es un golpe fatal que minimiza el desperdicio y maximiza la letalidad. La munición, que antes se gastaba en torrentes de fuego de supresión, ahora se usa con moderación y con un propósito letal. El campo de batalla está extrañamente desprovisto de la cacofonía de los disparos continuos, reemplazado en su lugar por las ráfagas medidas y devastadoramente efectivas de las armas de la Vanguardia. Esta nueva eficiencia en la guerra no sólo conduce a mayores tasas de mortalidad entre el enemigo, sino que también conserva recursos, lo que demuestra la brutal eficacia de los soldados mejorados con CRISPR y su impacto transformador en el arte de la guerra.

Las líneas enemigas, que antes eran sólidas y formidables, comienzan a desmoronarse bajo el ataque. Los soldados de vanguardia rompen las defensas con una fuerza implacable, y sus interfaces neuronales permiten una sincronización perfecta en sus ataques. Un escuadrón avanza a través de una trinchera y neutraliza a todos los soldados enemigos con una eficiencia despiadada. Otro equipo toma una posición fortificada y sus ataques coordinados no dejan lugar a represalias.

Desde la distancia, los comandantes de la Nación B observan con horror cómo sus fuerzas flaquean. La velocidad superior de la Vanguardia les permite superar en maniobras a sus enemigos, flanqueando posiciones y cortando rutas de escape. Su resistencia es asombrosa; las heridas que incapacitarían a un soldado normal apenas los frenan, y sus cuerpos se curan rápidamente mientras continúan su asalto. En un caso desgarrador, un soldado de la Vanguardia recibe un golpe directo en el pecho de un francotirador enemigo. La fuerza del impacto lo tambalea momentáneamente, pero en cuestión de segundos, los tejidos genéticamente mejorados comienzan a sanar. El soldado se endereza, su expresión no cambia, y reanuda su avance implacable. La visión de un adversario aparentemente invencible recuperándose tan rápidamente de una herida potencialmente fatal desmoraliza aún más a las tropas de la Nación B, lo que refuerza el poder aterrador de los guerreros mejorados con CRISPR de la Nación A.

El impacto psicológico en los soldados de la Nación B es devastador. La visión de la Vanguardia, estos guerreros aparentemente invencibles, destroza su moral. El miedo y la confusión se extienden como un reguero de pólvora entre las filas. Los soldados que una vez se mantuvieron firmes ahora se desmoronan y corren, incapaces de comprender el poder de sus adversarios genéticamente mejorados. El campo de batalla, que ya era un escenario de caos, se hunde aún más en el caos.

En medio de esta carnicería, los soldados de la Vanguardia mantienen una calma inquietante, sus movimientos son precisos y pausados a pesar del caos que los rodea. Su falta de empatía, un efecto secundario de su condicionamiento genético, los convierte en combatientes eficientes pero despiadados. Con ojos desprovistos de emoción, avanzan sin pestañear, con el único objetivo de aniquilar al enemigo. El campo de batalla es una sinfonía de violencia, pero la Vanguardia se mueve con una serenidad desconcertante, como si simplemente estuvieran ejecutando un ejercicio bien ensayado.

Un soldado, con el rostro inexpresivo, despacha a los enemigos con precisión quirúrgica. Su visión mejorada le permite ver a través del humo y los escombros, eliminando a los objetivos con una precisión letal. Otra vanguardia, una mujer con fuerza aumentada, atraviesa las líneas enemigas, sus golpes rompen huesos y acaban con vidas con eficiencia mecánica.

Los civiles atrapados en el fuego cruzado no reciben piedad. Una anciana, con un niño en brazos, se tambalea hacia el exterior, con el rostro convertido en una máscara de terror. Un soldado de la Vanguardia, cuya interfaz neuronal prioriza las amenazas, levanta su arma sin dudarlo un instante. Un único disparo silenciado acaba con sus vidas y el soldado sigue adelante sin mirar atrás. La programación de la Vanguardia carece de compasión o vacilación, y sus acciones están dictadas por una lógica fría y órdenes inflexibles.

Su actitud tranquila contrasta marcadamente con el pánico y la desesperación de los soldados de la Nación B. Mientras que la Vanguardia es metódica, las tropas tradicionales son frenéticas y sus líneas se desmoronan bajo el ataque implacable. La visión de sus camaradas cayendo con una eficiencia espantosa les rompe el ánimo; el impacto psicológico de enfrentarse a enemigos tan implacables resulta demasiado para soportar.

A medida que la Vanguardia avanza, su falta de vacilación y su precisión insensible crean una atmósfera de terror. No son simples soldados; son instrumentos de destrucción, creados con el único propósito de asegurar la victoria a cualquier precio. El campo de batalla, antaño un lugar de lucha y valentía humana, se ha convertido en el escenario de un nuevo tipo de guerra, una en la que la humanidad misma es una carga y el futuro pertenece a aquellos que pueden trascender sus limitaciones.

Los soldados de la nación enemiga, la Nación B, luchan valientemente, pero no son rivales para los súper soldados genéticos. La Vanguardia puede operar durante períodos prolongados sin descanso, gracias a su resistencia mejorada y capacidades de curación rápida. Incluso cuando están heridos, sus cuerpos se regeneran rápidamente, lo que les permite volver a la lucha con un tiempo de inactividad mínimo. Los soldados de la Nación B, al presenciar la aparente invencibilidad de sus adversarios, comienzan a perder la moral; el impacto psicológico de enfrentarse a oponentes tan formidables les pasa factura.

A medida que avanza la batalla, se hace evidente el verdadero alcance de las modificaciones genéticas. Los soldados de la Vanguardia no solo demuestran destreza física, sino también un desapego escalofriante. Su falta de empatía, un efecto secundario de su condicionamiento genético, los vuelve implacables en el combate. Ejecutan sus órdenes sin dudarlo, atacando a combatientes enemigos y civiles por igual con una eficiencia fría y mecánica. El campo de batalla se convierte en un sombrío cuadro de devastación humana y ética, y la línea entre soldado y máquina se difumina con cada momento que pasa.

A pesar de su superioridad tecnológica, los soldados mejorados con CRISPR enfrentan sus propios desafíos. El costo psicológico de sus modificaciones, junto con las constantes demandas de las interfaces neuronales, comienza a manifestarse de maneras inesperadas. Algunos soldados sufren crisis mentales, sus mentes son incapaces de lidiar con la tensión implacable. Otros se vuelven cada vez más insensibles, su humanidad se erosiona a medida que las mejoras toman el control. Las mismas modificaciones que los convierten en súper soldados también los aíslan del resto de la sociedad, creando una nueva clase de seres que son temidos e incomprendidos.

Las implicaciones de esta batalla van mucho más allá del conflicto inmediato. La victoria de la nación A, lograda mediante el uso de soldados modificados genéticamente, sienta un precedente peligroso. Otras naciones, reconociendo la ventaja estratégica, comienzan sus propios programas CRISPR, lo que desencadena una carrera armamentista global en el campo de la mejora genética. Los debates éticos que alguna vez dominaron las discusiones científicas se ven ahogados por el clamor por la supremacía militar. El mundo se encuentra al borde de una nueva era, donde los límites del potencial humano se llevan a sus extremos, y las consecuencias de jugar a ser Dios con la genética se vuelven terriblemente reales.

En este futuro distópico, la búsqueda de la superioridad genética ha redefinido la naturaleza de la guerra y de la humanidad misma. La batalla entre la Nación A y la Nación B es solo el comienzo, un presagio de los profundos cambios que se avecinan. A medida que las naciones compiten por el dominio en esta nueva frontera, el precio de la victoria se vuelve cada vez más alto y la línea entre humanos y máquinas continúa difuminándose, dejando a la sociedad lidiando con las ramificaciones éticas y existenciales de un mundo alterado para siempre por la ingeniería genética.

Ahora que ha terminado de leer el primer escenario, considere el segundo. Ha estallado otra guerra entre dos grandes países. Sin embargo, esta vez ambas naciones han desplegado soldados genéticamente mejorados mediante tecnología CRISPR.

A medida que el sol sale sobre el campo de batalla, el aire está cargado de expectación. Dos naciones poderosas, la Nación X y la Nación Y, están al borde de la guerra. A diferencia del conflicto anterior, ambos bandos han desplegado sus propios soldados genéticamente mejorados, cada uno con las formidables capacidades que otorga la tecnología CRISPR. El mundo observa con la respiración contenida, consciente de que este enfrentamiento entre supersoldados podría cambiar el futuro de la guerra y de la humanidad misma.

Las escaramuzas iniciales son brutales y rápidas. Las fuerzas de élite de la Nación X, conocidas como los Titanes, se mueven con una velocidad y una agilidad casi sobrenaturales. Sus músculos modificados genéticamente los impulsan a través del terreno con facilidad, mientras que sus reflejos mejorados los hacen casi imposibles de alcanzar. Por otro lado, los soldados de la Nación Y, los Fantasmas, son igualmente formidables. Sus funciones cognitivas aumentadas les permiten anticipar los movimientos del enemigo y reaccionar con una precisión ultrarrápida.

El campo de batalla se convierte en un teatro de matanzas de alta tecnología. Los Titanes y los Fantasmas se enfrentan en una serie de brutales enfrentamientos, y sus habilidades sobrehumanas llevan a ambos bandos al límite. La fuerza y la resistencia de los Titanes se ven contrarrestadas por la estrategia superior y la percepción sensorial mejorada de los Fantasmas. Cada bando emplea tácticas avanzadas, utilizando sus modificaciones genéticas para obtener la ventaja. Sin embargo, a medida que avanza la batalla, queda claro que ninguno de los dos bandos puede lograr una victoria decisiva.

Los soldados mejorados, aunque extraordinariamente poderosos, también encarnan las debilidades de sus mejoras. La agresividad implacable de los Titanes los hace propensos a esforzarse demasiado, mientras que la confianza de los Fantasmas en la estrategia a veces retrasa su respuesta inmediata a amenazas inesperadas. Ambas naciones sufren grandes bajas, y sus súper soldados caen en masa a pesar de sus ventajas genéticas.

La escala de destrucción aumenta rápidamente. Ciudades enteras son arrasadas mientras el combate se extiende a áreas civiles. La infraestructura colapsa bajo el ataque implacable y el número de muertos aumenta a una velocidad aterradora. Las mejoras genéticas que se suponía que proporcionarían una ventaja se convierten en instrumentos de aniquilación mutua. El campo de batalla está plagado de cuerpos de titanes y fantasmas caídos, un testimonio sombrío del poder devastador del ingenio humano convertido en destructivo.

A medida que el conflicto se prolonga, el optimismo inicial en torno al uso de soldados mejorados con CRISPR se desvanece. Los costos son demasiado altos y la destrucción demasiado generalizada. Ambas naciones comienzan a darse cuenta de que su búsqueda de superioridad genética las ha llevado por un camino sin retorno. El impacto ambiental es catastrófico: las fugas de radiación de las centrales eléctricas destruidas y los productos químicos tóxicos de las áreas industriales devastadas contaminan la tierra y el agua. El tejido mismo de la sociedad comienza a desmoronarse bajo el peso de la guerra continua.

Los líderes de la Nación X y la Nación Y, que antes confiaban en su destreza tecnológica, ahora se enfrentan a la cruda realidad de sus decisiones. En un intento desesperado por poner fin al derramamiento de sangre, recurren a medidas más drásticas. Se despliegan ciberataques y armas biológicas, acelerando aún más la espiral de destrucción mutua. Los soldados mejorados, ahora meros peones en un juego de aniquilación global, siguen luchando, con sus instintos humanos de supervivencia anulados por su programación genética.

Al final, la guerra deja a ambas naciones en ruinas. Las ciudades, que antaño eran prósperas, quedan reducidas a escombros y la población diezmada. Los pocos supervivientes, tanto militares como civiles, tienen que lidiar con las consecuencias de un conflicto que ha dañado irreparablemente su mundo. El sueño de crear supersoldados para asegurar la victoria ha provocado, en cambio, una pesadilla de destrucción mutua, un crudo recordatorio de los peligros del avance tecnológico descontrolado.

Mientras el polvo se asienta, el mundo observa horrorizado, reconociendo que la búsqueda de mejoras genéticas no ha conducido a la superioridad, sino a la desolación. La historia de los Titanes y los Fantasmas sirve como una advertencia escalofriante sobre las consecuencias de jugar a ser Dios con la genética humana, un capítulo oscuro en la historia humana que subraya la necesidad de moderación, consideración ética y un compromiso renovado con la paz.

Al considerar las implicaciones de desplegar soldados mejorados con CRISPR en el campo de batalla, es esencial prever cómo podrían desarrollarse estos escenarios hipotéticos de conflicto. El potencial de estas tropas modificadas genéticamente para reconfigurar los enfrentamientos militares es inmenso, impulsado por la combinación de ingeniería genética avanzada y estrategias de combate tradicionales.

Imaginemos un conflicto en un futuro cercano entre dos naciones tecnológicamente avanzadas. Ambos bandos han desarrollado soldados modificados mediante CRISPR, diseñados para tener capacidades físicas y cognitivas superiores. Estos soldados no sólo son más fuertes y rápidos, sino que poseen una visión nocturna mejorada, resistencia a la fatiga y capacidades de curación acelerada. En un escenario así, los conceptos tradicionales de la guerra se verían radicalmente alterados.

Durante una operación de alto riesgo, un pelotón de soldados CRISPR podría ser desplegado para infiltrarse en una base enemiga ubicada en una zona hostil y remota. Su resistencia mejorada les permitiría atravesar terrenos difíciles sin necesidad de un descanso prolongado. Al llegar a su objetivo, estos soldados utilizarían sus reflejos y coordinación mejorados para ejecutar ataques precisos y sincronizados, neutralizando amenazas con una eficiencia que supera con creces las capacidades humanas ordinarias.

Las ventajas estratégicas de estos soldados no se limitan a las mejoras físicas. Las mejoras cognitivas, como una mayor conciencia situacional y habilidades para resolver problemas, permitirían a los soldados CRISPR adaptarse a condiciones de campo de batalla que cambian rápidamente. Por ejemplo, si llega una fuerza enemiga inesperada, estos soldados podrían idear y ejecutar rápidamente maniobras tácticas complejas, asegurando un mínimo de bajas y el éxito de la misión.

Una de las consecuencias más importantes del despliegue de soldados CRISPR reside en su potencial para reducir la imprevisibilidad de los factores humanos en la guerra. Los soldados tradicionales están sujetos al estrés, el miedo y la fatiga, todo lo cual puede afectar el juicio y el rendimiento. En cambio, los soldados mejorados genéticamente podrían ser diseñados para soportar presiones psicológicas extremas, manteniendo la compostura y la eficacia incluso en las situaciones más extremas.

También hay que tener en cuenta el impacto psicológico en las fuerzas enemigas. La presencia de soldados aparentemente invencibles podría desmoralizar a las tropas enemigas, lo que podría conducir a rendiciones más rápidas o retiradas desorganizadas. Se pueden establecer paralelos históricos con el uso de unidades de élite en conflictos pasados, donde el miedo y el respeto que inspiraban los soldados altamente entrenados tuvieron un profundo impacto en la moral del enemigo.

Sin embargo, el despliegue de soldados CRISPR plantea cuestiones éticas y estratégicas críticas. Por ejemplo, ¿qué sucede si estos soldados mejorados son capturados por el enemigo? Las posibles consecuencias son alarmantes. La captura de soldados modificados genéticamente podría conducir a la extracción y la ingeniería inversa de sus modificaciones genéticas, lo que permitiría a los adversarios replicar o incluso mejorar estas mejoras. Este escenario plantea un riesgo significativo de que la información genética caiga en manos de entidades hostiles, que podrían entonces desarrollar sus propios supersoldados o crear armas biológicas diseñadas para atacar rasgos genéticos específicos.

Un desarrollo de ese tipo podría impulsar una nueva clase de carrera armamentista, no basada en armas nucleares o convencionales, sino en la guerra genética. Las naciones se verían obligadas a invertir fuertemente en investigación y desarrollo genético para seguir el ritmo de sus adversarios, lo que llevaría a una rápida escalada de los conflictos. El foco de la superioridad militar se desplazaría de los medios tradicionales a las capacidades biotecnológicas avanzadas, y los países competirían para superarse unos a otros en la creación de los soldados más mejorados y formidables.

Las implicaciones éticas y estratégicas de esta carrera armamentista son profundas. El secretismo y la velocidad con que se pueden desarrollar las tecnologías genéticas podrían conducir a una falta de transparencia y supervisión, aumentando la probabilidad de un uso indebido accidental o intencional. Además, la existencia de soldados genéticamente mejorados en el campo de batalla podría desestabilizar la dinámica de la seguridad mundial, ya que las naciones que no cuentan con esas capacidades podrían sentirse amenazadas y recurrir a tácticas de guerra no convencionales o asimétricas.

Además de las consecuencias militares directas, también existe el riesgo de un impacto social más amplio. La proliferación de tecnologías de mejora genética podría conducir a un mercado negro de modificaciones genéticas, en el que actores no estatales, incluidos grupos terroristas, podrían tener acceso a estas poderosas herramientas. Esto no sólo dificultaría el control de la difusión de esas tecnologías, sino que también aumentaría el potencial de su uso en actos de terrorismo, lo que exacerbaría aún más la inestabilidad mundial.

Además, los dilemas éticos que rodean la captura y explotación de soldados modificados genéticamente pondrían en entredicho las normas vigentes del derecho internacional humanitario. El tratamiento de estos soldados como meras fuentes de datos genéticos, en lugar de como seres humanos con derechos y dignidad, podría dar lugar a importantes violaciones de los derechos humanos. Los organismos internacionales tendrían que elaborar nuevos marcos y reglamentos para abordar estas cuestiones, garantizando que el uso de tecnologías genéticas en la guerra no socave los principios de los derechos humanos y la conducta ética.

La captura de soldados mejorados por parte del enemigo presenta una serie de riesgos y desafíos potenciales que se extienden mucho más allá del campo de batalla y pone de relieve la necesidad de una cuidadosa consideración y regulación de las tecnologías genéticas en el ámbito militar para prevenir una escalada descontrolada de la guerra genética y proteger la seguridad mundial y las normas éticas.

Si bien los beneficios de los soldados CRISPR en combate son claros, las implicaciones más amplias para la guerra y la estabilidad internacional son complejas. La capacidad de diseñar supersoldados podría conducir a una nueva era de conflicto, en la que las líneas entre humanos y máquinas se difuminan y los límites éticos de la guerra se ponen a prueba continuamente. A medida que exploramos estos escenarios hipotéticos, se hace evidente que la llegada de la tecnología CRISPR al ámbito militar no es solo una revolución tecnológica, sino un cambio profundo en la naturaleza del conflicto humano.

Además de las mejoras en el campo de batalla, las modificaciones genéticas también podrían abordar algunos de los desafíos más persistentes que enfrenta el personal militar, como el costo psicológico de la guerra. El trastorno de estrés postraumático (TEPT) y otras afecciones relacionadas con el estrés son muy frecuentes entre los soldados, y a menudo resultan en problemas de salud mental a largo plazo y afectan la eficacia operativa. Al apuntar a los genes que influyen en las respuestas al estrés, como los involucrados en el eje hipotálamo-hipofisario-adrenal (HPA), la tecnología CRISPR podría ayudar a los soldados a manejar el estrés de manera más efectiva. Esto podría mantener la salud mental y la preparación operativa durante períodos prolongados de despliegue, ofreciendo un enfoque holístico para mejorar el rendimiento y el bienestar militar.

El eje HPA desempeña un papel crucial en la respuesta del cuerpo al estrés, regulando la producción de cortisol y otras hormonas del estrés. Mediante el uso de CRISPR para editar genes asociados con el eje HPA, podría ser posible mejorar la capacidad de un soldado para hacer frente a entornos de alto estrés. Por ejemplo, la modificación de los genes que regulan la producción de cortisol podría ayudar a mantener niveles hormonales óptimos, previniendo los efectos perjudiciales del estrés crónico, como la ansiedad, la depresión y el deterioro de la función cognitiva.

Además de la regulación del cortisol, las modificaciones genéticas también podrían afectar a otras vías y moléculas implicadas en las respuestas al estrés. Por ejemplo, mejorar la expresión de genes que promueven la producción de neuropéptidos como la oxitocina y la vasopresina podría reforzar los vínculos sociales y la resiliencia, proporcionando a los soldados redes de apoyo más sólidas y mejorando su capacidad para afrontar las exigencias psicológicas del combate.

Además, se podrían diseñar intervenciones genéticas para aumentar la neuroplasticidad, la capacidad del cerebro de adaptarse y reorganizarse en respuesta a nuevas experiencias y desafíos. Al promover la neuroplasticidad, CRISPR podría ayudar a los soldados a recuperarse más rápidamente de eventos traumáticos, reduciendo la incidencia y la gravedad del TEPT. Este enfoque podría implicar la edición de genes que influyen en la producción del factor neurotrófico derivado del cerebro (BDNF), una proteína que apoya el crecimiento y la conectividad neuronal.

Otra vía prometedora para reducir el costo psicológico de la guerra mediante la modificación genética es la mejora de los sistemas naturales de recompensa del cerebro. Si se actúa sobre los genes que regulan las vías de la dopamina y la serotonina, se podría mejorar la regulación del estado de ánimo y la motivación, ayudando a los soldados a mantener una actitud positiva incluso en condiciones adversas. Esto no sólo podría mejorar su resistencia mental, sino también la moral general y la cohesión de la unidad.

Los posibles beneficios de estas modificaciones genéticas se extienden más allá de los soldados individuales, y podrían dar lugar a una fuerza militar más resistente y eficaz. Al reducir la prevalencia del trastorno de estrés postraumático y otras afecciones relacionadas con el estrés, estas intervenciones podrían reducir los costos de atención médica a largo plazo asociados con el tratamiento de los veteranos, así como mejorar las tasas de retención al reducir la cantidad de personal que abandona el ejército debido a problemas de salud mental.

Si bien las implicaciones éticas de la modificación genética de los soldados deben considerarse cuidadosamente, el potencial de mejorar significativamente su salud mental y su preparación operativa constituye un argumento convincente para que se realicen más investigaciones y avances en este ámbito. A medida que avanza la tecnología, es fundamental establecer pautas éticas estrictas y mecanismos de supervisión para garantizar que estas modificaciones genéticas se utilicen de manera responsable y teniendo en cuenta los mejores intereses de los soldados.

Además, los propios soldados que utilizan CRISPR pueden enfrentarse a desafíos psicológicos únicos. El proceso de mejora genética, si bien proporciona beneficios físicos, puede conducir a crisis de identidad y dilemas éticos. Los soldados pueden tener problemas con preguntas sobre su humanidad e individualidad, sabiendo que han sido diseñados para la guerra. Los estudios sobre soldados que han pasado por un entrenamiento físico y psicológico extenso, como los de las fuerzas especiales, indican que el condicionamiento extremo puede conducir a conflictos de identidad y problemas de salud mental. Es lógico pensar que las mejoras genéticas podrían amplificar estos efectos, creando una clase de guerreros que son físicamente superiores pero mentalmente agobiados por sus mejoras. Además, los soldados mejorados con CRISPR pueden experimentar aislamiento de sus pares y de la sociedad debido a sus diferencias percibidas, lo que exacerba los sentimientos de alienación y depresión.

Estos desafíos psicológicos y sociales no son sólo cuestiones individuales, sino que tienen implicaciones más amplias para las operaciones y la estrategia militares. Tácticamente, la introducción de soldados que utilicen CRISPR podría redefinir las estrategias en el campo de batalla. Las tácticas tradicionales pueden volverse obsoletas cuando se enfrentan a enemigos que pueden recuperarse de las heridas más rápido, transportar cargas más pesadas y soportar condiciones extremas.

Los estrategas militares tendrán que desarrollar nuevas doctrinas que aprovechen las capacidades de los soldados mejorados y al mismo tiempo contrarresten las del enemigo. Por ejemplo, la guerra urbana, que depende en gran medida de la resistencia física y la adaptabilidad de los soldados, podría experimentar un cambio de tácticas para tener en cuenta las capacidades mejoradas de las tropas CRISPR. Los soldados mejorados podrían realizar operaciones prolongadas sin necesidad de descanso, alterando drásticamente el tiempo y el ritmo de los enfrentamientos. Esto podría obligar a los adversarios a repensar su enfoque de la guerra, lo que posiblemente conduzca a una nueva era de conflicto caracterizada por ataques rápidos e implacables. Por lo tanto, las cargas psicológicas que enfrentan los soldados CRISPR están entrelazadas con los ajustes estratégicos necesarios en el campo de batalla, lo que resalta el complejo impacto de las mejoras genéticas en la guerra moderna.

Los aspectos logísticos de la guerra también se verían profundamente afectados por la introducción de soldados genéticamente mejorados. Las líneas de suministro tradicionales, que actualmente se ocupan de alimentos, suministros médicos y otras necesidades, tendrían que ser reconsideradas radicalmente. Los soldados mejorados, con sus necesidades dietéticas modificadas y capacidades curativas superiores, podrían reducir la dependencia de las raciones convencionales y la atención médica. Este cambio tiene el potencial de agilizar las operaciones al reducir el volumen y la variedad de suministros que deben transportarse y mantenerse en las líneas del frente.

Por ejemplo, los soldados modificados genéticamente podrían requerir paquetes de nutrientes especialmente formulados, diseñados para mantener sus procesos metabólicos mejorados y apoyar sus capacidades físicas avanzadas. Estos paquetes de nutrientes podrían reemplazar los suministros de alimentos tradicionales, aligerando significativamente la carga logística. Imaginemos a soldados que han sido sometidos a modificaciones genéticas para aumentar la masa muscular y la resistencia mediante expresiones mejoradas de genes como los inhibidores de MSTN (miostatina) o PGC-1alfa (un regulador de la biogénesis mitocondrial). Tales modificaciones darían como resultado tasas metabólicas más altas y mayores demandas nutricionales para apoyar sus estados físicos avanzados.

Los paquetes de nutrientes para estos soldados tendrían que contener un equilibrio preciso de macronutrientes, vitaminas y minerales adaptados a sus necesidades específicas. Por ejemplo, estos paquetes podrían ser ricos en proteínas de alta calidad para ayudar a la reparación y el crecimiento muscular, carbohidratos complejos para una energía sostenida y ácidos grasos esenciales para apoyar las funciones cognitivas. Además, podrían incluir mayores cantidades de electrolitos para prevenir la deshidratación y mejorar la función muscular, así como aminoácidos específicos como la leucina, que es fundamental para la síntesis de proteínas musculares.

Estos paquetes de nutrientes podrían mejorarse aún más con compuestos de bioingeniería diseñados para maximizar la absorción y la utilización. Por ejemplo, podrían incluir sistemas de administración basados en nanotecnología que garanticen que los nutrientes se liberen de manera controlada, proporcionando un suministro sostenido de energía y nutrientes durante misiones prolongadas. Esta tecnología podría ayudar a mantener un rendimiento físico y cognitivo óptimo incluso en las condiciones más exigentes.

Otro ejemplo hipotético es el de soldados modificados genéticamente que poseen capacidades de curación mejoradas, logradas modificando genes como el VEGF (factor de crecimiento endotelial vascular) para promover la rápida reparación y regeneración de los tejidos. Estos soldados se beneficiarían de paquetes de nutrientes que contienen ingredientes específicamente formulados para acelerar los procesos de curación. Dichos paquetes podrían incluir altas concentraciones de vitaminas A y C, que son esenciales para la síntesis de colágeno y la cicatrización de heridas, así como zinc y magnesio, que desempeñan papeles críticos en la reparación de los tejidos.

Además, estos paquetes de nutrientes podrían diseñarse para proporcionar compuestos antiinflamatorios, como ácidos grasos omega-3 y curcumina, para reducir el tiempo de recuperación y minimizar el tiempo de inactividad debido a lesiones. También podría considerarse la inclusión de probióticos y prebióticos para apoyar la salud intestinal y mejorar el sistema inmunológico, asegurando que los soldados se mantengan saludables y resilientes en diversos entornos.

Al sustituir los suministros alimentarios tradicionales por estos paquetes de nutrientes avanzados, se podría reducir significativamente la carga logística que supone el transporte y el almacenamiento de alimentos perecederos, lo que permitiría un uso más eficiente de los recursos y una mayor flexibilidad a la hora de planificar y ejecutar operaciones militares. Los paquetes de nutrientes podrían ser ligeros, compactos y tener una larga vida útil, lo que los hace ideales para su despliegue en entornos remotos u hostiles donde el reabastecimiento podría resultar complicado.

Además de mejorar las capacidades físicas, estos paquetes de nutrientes podrían diseñarse para apoyar las funciones cognitivas en soldados modificados genéticamente. Por ejemplo, los soldados con capacidades cognitivas mejoradas mediante modificaciones en genes como el BDNF (factor neurotrófico derivado del cerebro) o la COMT (catecol-O-metiltransferasa) requerirían nutrientes que apoyaran la salud y el funcionamiento del cerebro. Estos paquetes podrían incluir ácidos grasos omega-3, conocidos por sus propiedades neuroprotectoras, así como antioxidantes como el resveratrol y los flavonoides para protegerse contra el estrés oxidativo.

Además, la inclusión de compuestos nootrópicos, como la fosfatidilserina y la acetil-L-carnitina, podría mejorar la memoria, la concentración y la resistencia cognitiva. También se podrían añadir adaptógenos como la rodiola y la ashwagandha para ayudar a los soldados a controlar el estrés y mantener la claridad mental durante misiones prolongadas.

El desarrollo de paquetes de nutrientes especialmente formulados para soldados modificados genéticamente no sólo reforzaría sus capacidades físicas y cognitivas avanzadas, sino que también agilizaría las operaciones logísticas. Al proporcionar una nutrición específica que satisfaga las necesidades únicas de estos soldados mejorados, las fuerzas militares podrían garantizar que se mantengan en el máximo rendimiento, listos para enfrentar los desafíos de la guerra moderna.

Sin embargo, esta racionalización logística introduce nuevas vulnerabilidades. La dependencia de nutrientes especializados y protocolos de mantenimiento genético significa que cualquier interrupción en la cadena de suministro podría tener efectos catastróficos en la preparación para el combate de estas tropas mejoradas. Si se interrumpiera el suministro de nutrientes específicos esenciales para su biología modificada, podría producirse desnutrición y un rápido deterioro de sus capacidades físicas. De manera similar, si se comprometieran los mecanismos necesarios para mantener sus modificaciones genéticas (como dosis regulares de enzimas o supresores de edición genética), las mejoras podrían fallar, dejando a los soldados no solo ineficaces sino posiblemente sufriendo graves repercusiones fisiológicas.

Además, la logística necesaria para mantener la integridad de las modificaciones genéticas sobre el terreno plantearía desafíos únicos. El equipo y el personal capacitado para administrar y supervisar estas modificaciones serían cruciales. Esto introduce otra capa de complejidad en las operaciones militares, ya que garantizar la seguridad y la funcionalidad de este sistema de apoyo especializado se vuelve tan crítico como mantener las líneas de suministro tradicionales.

La posibilidad de que se produzcan ataques selectivos contra estas nuevas cadenas de suministro podría convertirse en una preocupación estratégica importante. Los adversarios podrían centrar sus esfuerzos en interrumpir las operaciones logísticas especializadas para paralizar a las fuerzas mejoradas, sabiendo que el fracaso de estos sistemas podría conducir a una rápida disminución de la eficacia de los soldados modificados genéticamente.

Así pues, si bien las implicaciones logísticas del despliegue de soldados genéticamente mejorados podrían ofrecer operaciones simplificadas y ventajas potencialmente significativas, también requieren una planificación sólida y salvaguardas para evitar que se exploten nuevos tipos de vulnerabilidades. El equilibrio entre los beneficios de la reducción de las necesidades logísticas tradicionales y los riesgos asociados con los requisitos especializados será un factor crítico para la integración exitosa de soldados genéticamente mejorados en las estrategias militares modernas.

Los movimientos de resistencia y las insurgencias también podrían adaptar sus estrategias en respuesta a las nuevas capacidades de los soldados que utilizan CRISPR. Las tácticas de guerrilla que se basan en el elemento sorpresa y en las limitaciones físicas de las tropas convencionales podrían volverse menos efectivas. Los insurgentes podrían, en cambio, centrarse en la guerra cibernética, apuntando a la tecnología y la infraestructura que respaldan las mejoras genéticas. Esto podría marcar el comienzo de una nueva era de guerra híbrida, en la que el combate tradicional se combina con ataques tecnológicos sofisticados.

A medida que se asienta el polvo en estos campos de batalla hipotéticos, se hace evidente que las repercusiones psicológicas y tácticas de los soldados CRISPR son complejas y de largo alcance. Si bien ofrecen ventajas significativas, también plantean nuevos desafíos y consideraciones éticas. Esta exploración prepara el terreno para un examen más profundo de cómo la sociedad percibe a estos guerreros genéticamente mejorados y las ramificaciones culturales de su existencia. Las implicaciones se extienden más allá del campo de batalla e influyen en la opinión pública, la formulación de políticas y la estructura misma de la sociedad.

Capítulo 8.
Percepción pública e influencia de los medios

En los últimos años, la representación que los medios de comunicación hacen de los avances tecnológicos ha tenido un profundo impacto en la percepción pública. A medida que profundizamos en la posible representación mediática de los soldados de CRISPR, es esencial considerar tanto el sensacionalismo que suele acompañar a esa cobertura como los debates matizados que pueden moldear la opinión pública.

Los medios de comunicación se esfuerzan por captar la atención, y el concepto de soldados modificados genéticamente ofrece una gran cantidad de material sensacionalista. Los titulares pueden gritar sobre "súper soldados" con habilidades extraordinarias, generando tanto asombro como miedo. Tales representaciones no son nuevas; la historia muestra que los medios a menudo han exagerado los avances científicos. Por ejemplo, durante los primeros días de la ingeniería genética, los medios a menudo se centraban en la posibilidad de "bebés de diseño", lo que creaba una mezcla de entusiasmo y pánico ético entre el público. Los titulares a menudo proclamaban la posibilidad de que los padres seleccionaran los rasgos de sus hijos, desde el color de los ojos y la inteligencia hasta la destreza atlética y la resistencia a las enfermedades. Esta noción captó la imaginación de muchos, prometiendo un futuro en el que las enfermedades hereditarias podrían erradicarse y el potencial humano optimizarse desde el nacimiento.

Junto con el entusiasmo surgieron importantes preocupaciones éticas. La idea de los "bebés de diseño" planteó profundas preguntas sobre las implicaciones morales de la manipulación genética. Los críticos argumentaron que tales capacidades podrían conducir a una nueva forma de eugenesia, en la que las presiones sociales podrían dictar lo que constituye un rasgo "deseable", lo que podría exacerbar las desigualdades sociales y la discriminación. Temían un futuro en el que sólo los ricos pudieran permitirse mejoras genéticas para sus hijos, lo que crearía una subclase genética y profundizaría la brecha entre los que tienen y los que no tienen.

Además, el riesgo de consecuencias imprevistas era muy alto. La edición genética de embriones planteaba riesgos de mutaciones no deseadas y efectos a largo plazo que no se podían predecir ni controlar. Esta incertidumbre alimentó un debate más amplio sobre el grado en que la humanidad debería interferir en los procesos genéticos naturales y la posible arrogancia de "jugar a ser Dios".

Como resultado, el discurso público se convirtió en un campo de batalla de optimismo futurista y temor ético. Mientras algunos imaginaban una nueva era de salud y capacidad humanas, otros advertían sobre la pendiente resbaladiza que conducía a un futuro distópico. La intensa atención de los medios de comunicación a los "bebés de diseño" desempeñó un papel decisivo en la configuración de la percepción pública y los debates sobre políticas, destacando la necesidad de marcos éticos y regulaciones sólidos para guiar el uso responsable de las tecnologías de ingeniería genética.

Los programas de televisión, las películas y los libros llevan mucho tiempo explorando la idea de los seres humanos mejorados, desde los superhéroes de los cómics hasta los futuros distópicos. Estas representaciones tienden a oscilar entre la glorificación y las advertencias distópicas. Por ejemplo, películas como "Gattaca" y "Capitán América: El primer vengador" ilustran tanto el atractivo como los dilemas éticos de la mejora genética. Estas narrativas culturales influyen en la forma en que la sociedad puede ver a los soldados CRISPR de la vida real, probablemente presentándolos como salvadores heroicos o aberraciones peligrosas.

Los debates en los medios de comunicación sobre soldados modificados genéticamente aún no son habituales, ya que el tema aún está en ciernes y es en gran medida especulativo. Sin embargo, varios ejemplos notables en los medios de comunicación tradicionales abordan temas más amplios de modificación genética y aplicaciones militares, incluidas posibles mejoras para los soldados.

Vice produjo un intrigante documental titulado "Super Soldiers" que indaga en el futuro de la guerra y el potencial de crear soldados mejorados mediante tecnologías avanzadas, incluida la ingeniería genética. El documental ofrece una exploración exhaustiva de este concepto futurista al incluir entrevistas en profundidad con expertos militares, bioeticistas y científicos. Estas entrevistas arrojan luz sobre las posibilidades tecnológicas y las implicaciones éticas de la creación de súper soldados, brindando a los espectadores una perspectiva equilibrada sobre este tema controvertido.

"Super Soldiers" comienza examinando el contexto histórico de la mejora humana en el ejército, rastreando la evolución desde las drogas para mejorar el rendimiento y los rigurosos programas de entrenamiento hasta la frontera actual de la ingeniería genética. El documental destaca las importantes inversiones realizadas por el Pentágono y la DARPA (Agencia de Proyectos de Investigación Avanzada de Defensa) en la investigación destinada a mejorar las capacidades humanas. Hace referencia específicamente a la Oficina de Tecnologías Biológicas de la DARPA y su sustancial presupuesto dedicado a explorar la intersección de la biología y la ingeniería.

A través de entrevistas con bioeticistas, "Super Soldiers" aborda las preocupaciones éticas en torno a la mejora de seres humanos con fines militares. Estos expertos analizan el potencial de mal uso, la difuminación de las fronteras entre aplicaciones terapéuticas y de mejora y las repercusiones sociales a largo plazo de la creación de soldados modificados genéticamente. El documental plantea cuestiones críticas sobre los límites morales y éticos de dichas tecnologías, haciendo hincapié en la necesidad de una supervisión estricta y de regulaciones internacionales.

Además, el documental incluye las opiniones de científicos que participan en la investigación genética, incluidos aquellos que trabajan en proyectos como el Proyecto Genoma Humano y las iniciativas de escritura genómica financiadas por DARPA. Estos proyectos tienen como objetivo diseñar células humanas capaces de fabricar nutrientes esenciales y autosostenerse en entornos extremos, lo que podría conducir al desarrollo de soldados con una necesidad mínima de sustento externo.

"Super Soldiers" ofrece una exploración detallada y que invita a la reflexión sobre el futuro de la tecnología militar, combinando posibilidades científicas con consideraciones éticas. Subraya el potencial y los desafíos de la ingeniería genética para crear soldados mejorados, incitando a los espectadores a reflexionar sobre las profundas implicaciones de estos avances para el futuro de la guerra y la humanidad misma.

El episodio "Breakthrough: More Than Human" de National Geographic, dirigido por Paul Giamatti, profundiza en el ámbito de la mejora humana mediante la biotecnología, incluido el controvertido y rápidamente creciente campo de las modificaciones genéticas. Este apasionante episodio explora el potencial de crear soldados mejorados, un concepto que ha pasado del ámbito de la ciencia ficción al primer plano de la investigación y el desarrollo militar.

El episodio ofrece una visión integral de cómo se está explorando la ingeniería genética, en particular la tecnología CRISPR, para desarrollar supersoldados con capacidades físicas y cognitivas superiores. Incluye entrevistas con científicos destacados, como los que participan en los proyectos de vanguardia de DARPA, que analizan los avances técnicos y las posibilidades que presentan las modificaciones genéticas. Estos expertos explican cómo se puede utilizar CRISPR para editar los genes responsables del crecimiento muscular, la resistencia y la resistencia a las enfermedades y al estrés ambiental, con el objetivo de crear soldados que no solo sean más fuertes y rápidos, sino también más resistentes en condiciones extremas.

Los especialistas en ética también desempeñan un papel importante en el episodio, ya que ofrecen una visión equilibrada de las consideraciones morales que rodean estos avances. Plantean preguntas críticas sobre las implicaciones de estas tecnologías para los derechos humanos y el potencial de uso indebido. Los debates ponen de relieve la delgada línea que separa las aplicaciones terapéuticas de la ingeniería genética de su uso para la mejora de la salud, una distinción que se vuelve cada vez más difusa a medida que avanza la tecnología.

El episodio también toca precedentes históricos, como los experimentos del Arsenal de Edgewood, en los que el ejército estadounidense probó diversos agentes químicos en soldados, desafiando los límites éticos en la búsqueda de mejorar sus capacidades. Estos experimentos, realizados entre 1948 y 1975, implicaron exponer al personal militar a una variedad de sustancias químicas, incluidos agentes nerviosos, alucinógenos y estimulantes, con el objetivo de comprender sus efectos en el rendimiento humano y desarrollar posibles armas químicas. Los participantes, a menudo no totalmente informados sobre los riesgos, experimentaron graves efectos secundarios físicos y psicológicos, lo que llevó a importantes ramificaciones éticas y legales.

Este contexto histórico subraya la importancia de la supervisión ética en la investigación genética contemporánea, y establece claros paralelismos entre los esfuerzos de mejora militar del pasado y del presente. Así como los experimentos del Arsenal de Edgewood llevaron al límite la conducta ética bajo el pretexto de la seguridad nacional y el avance científico, las exploraciones actuales sobre modificaciones genéticas para soldados, como las que involucran la tecnología CRISPR, transitan por un terreno ético igualmente precario. Estos abusos del pasado resaltan el potencial de mal uso cuando la ambición científica no se ve frenada por consideraciones morales.

En los experimentos del Arsenal de Edgewood, la falta de consentimiento informado y la disposición a utilizar soldados como sujetos de prueba para investigaciones de alto riesgo sentaron un precedente preocupante. Estas acciones provocaron indignación pública y llevaron a regulaciones más estrictas sobre la experimentación humana, ejemplificadas por la creación del Informe Belmont en 1979, que estableció pautas éticas para la investigación con sujetos humanos. Las lecciones de esta época son duros recordatorios de la necesidad de transparencia, consentimiento y estándares éticos estrictos en cualquier forma de experimentación humana.

Los avances actuales en ingeniería genética, en particular en el ámbito militar, evocan estos paralelismos históricos. La búsqueda de crear soldados mejorados mediante la tecnología CRISPR, que promete mejorar la fuerza física, las capacidades cognitivas y la resiliencia a los factores estresantes ambientales, refleja el mismo afán de superioridad observado en la investigación militar del pasado. Sin embargo, las implicaciones éticas de la edición de genes humanos son profundas y plantean preguntas sobre el consentimiento, los efectos a largo plazo y el potencial de crear desigualdades o consecuencias no deseadas.

La BBC ha cubierto ampliamente los diversos proyectos de la DARPA destinados a mejorar las capacidades de los soldados, proporcionando informes y análisis detallados sobre las implicaciones de estos avances. Entre ellos, destaca el programa Safe Genes de la DARPA, que busca desarrollar herramientas para controlar la edición genética con el fin de evitar el uso indebido accidental o intencional de las tecnologías de edición genómica. El programa tiene como objetivo proteger al personal militar de cambios genéticos no deseados y facilitar el desarrollo de tratamientos médicos seguros, precisos y efectivos utilizando editores genéticos. Esta iniciativa pone de relieve el compromiso de la DARPA de garantizar que las potentes capacidades de la tecnología CRISPR se aprovechen de forma responsable y ética.

De manera similar, la aclamada serie científica Nova de PBS produjo un documental titulado "Humanos modificados genéticamente", que profundiza en los avances de vanguardia en ingeniería genética, con un enfoque significativo en la tecnología CRISPR. Si bien el documental aborda principalmente las posibles aplicaciones médicas de las modificaciones genéticas, también explora las implicaciones más amplias, incluida la posibilidad de utilizar dichas tecnologías con fines militares. El documental plantea preguntas críticas sobre los límites éticos y morales del uso de CRISPR para mejorar las capacidades humanas, particularmente en el contexto de la creación de súper soldados.

A medida que los medios de comunicación siguen poniendo de relieve estos avances, los debates éticos en torno al uso de la tecnología genética con fines militares se vuelven cada vez más complejos. La BBC, la PBS y otros medios desempeñan un papel crucial a la hora de informar al público y fomentar el diálogo sobre los posibles beneficios y riesgos de estas tecnologías. Al examinar tanto el potencial científico como los desafíos éticos, estos informes y documentales contribuyen a una comprensión más amplia de las implicaciones del uso de CRISPR y otras tecnologías genéticas en la búsqueda de capacidades humanas mejoradas.

The Guardian ha publicado varios artículos en profundidad que exploran la intersección de la bioingeniería y las aplicaciones militares, destacando con frecuencia las opiniones de expertos sobre las implicaciones éticas y sociales del uso de la modificación genética para crear soldados mejorados. Estos artículos ofrecen una visión equilibrada, sopesando los posibles beneficios frente a los riesgos y las preocupaciones morales asociadas con las mejoras genéticas en contextos militares. Por ejemplo, The Guardian ha presentado las opiniones de bioeticistas, analistas militares e investigadores genéticos que debaten las profundas consecuencias del despliegue de soldados modificados genéticamente. Los debates a menudo giran en torno al potencial de una mayor eficacia militar y los dilemas éticos significativos, como la pérdida de autonomía individual y la posibilidad de consecuencias genéticas no deseadas.

Scientific American también ha abordado ampliamente el tema de la mejora genética, centrándose particularmente en sus posibles aplicaciones dentro del ámbito militar. Los artículos de Scientific American profundizan en los avances científicos en CRISPR y otras tecnologías de edición genética, ofreciendo explicaciones detalladas de cómo se pueden aprovechar estas innovaciones para mejorar el rendimiento humano. La publicación explora las consideraciones prácticas de la implementación de dichas tecnologías en entornos militares, incluidos los desafíos logísticos y la necesidad de realizar pruebas rigurosas para garantizar la seguridad y la eficacia. Además, Scientific American aborda las consideraciones éticas, haciendo hincapié en la necesidad de desarrollar marcos regulatorios sólidos para prevenir el uso indebido y garantizar que las modificaciones genéticas se realicen de manera ética y responsable.

Un tema destacado en Scientific American incluye el potencial de CRISPR para mejorar el crecimiento muscular, mejorar las funciones cognitivas y aumentar la resistencia a las tensiones ambientales, como las temperaturas extremas y la radiación. Estas mejoras podrían conducir a la creación de soldados que no solo sean físicamente superiores, sino también capaces de soportar y prosperar en condiciones que normalmente serían debilitantes. Los artículos destacan proyectos de investigación en curso, como los financiados por DARPA, que tienen como objetivo explorar estas posibilidades. El programa Safe Genes de DARPA, por ejemplo, busca desarrollar herramientas para controlar la edición genética, asegurando que cualquier modificación genética pueda ser dirigida con precisión y revertida si es necesario. Este programa refleja un compromiso más amplio de equilibrar la innovación con la seguridad, con el objetivo de proteger al personal militar de los riesgos potenciales asociados con la edición del genoma.

Además, tanto The Guardian como Scientific American analizan las implicaciones sociales más amplias de las mejoras genéticas. Analizan escenarios en los que la línea entre el uso terapéutico y la mejora se vuelve borrosa, lo que plantea inquietudes sobre la equidad y el acceso a esas tecnologías. La posibilidad de crear una clase de soldados genéticamente mejorados plantea preguntas sobre el impacto a largo plazo en la sociedad y el potencial de nuevas formas de desigualdad y discriminación.

En resumen, ambas publicaciones ofrecen una cobertura exhaustiva de los avances en ingeniería genética y sus posibles aplicaciones militares, ofreciendo una visión matizada de los beneficios y desafíos. Sus artículos subrayan la necesidad de un diálogo constante y un escrutinio ético a medida que estas tecnologías siguen evolucionando, garantizando que la búsqueda de capacidades humanas mejoradas no se produzca a costa de la integridad ética y el bienestar social.

Estos ejemplos ponen de relieve cómo los principales medios de comunicación están empezando a explorar el complejo y controvertido tema de los soldados modificados genéticamente. A través de documentales, reportajes y artículos, estos medios ofrecen una plataforma para que los expertos discutan las posibilidades tecnológicas y los dilemas éticos asociados con este campo emergente. A medida que avance la investigación y las implicaciones de la modificación genética se hagan más evidentes, es probable que la cobertura mediática sobre este tema siga aumentando.

En definitiva, la representación de los soldados CRISPR en los reportajes periodísticos y documentales desempeñará un papel crucial en la configuración del discurso público. Al presentar una amplia gama de puntos de vista y enmarcar cuidadosamente el debate, los medios pueden ayudar a fomentar una comprensión matizada de las complejas dimensiones éticas, sociales y científicas de esta tecnología emergente. Esta presentación equilibrada es vital, ya que garantiza que el público se mantenga informado y comprometido con los posibles beneficios y riesgos asociados a las modificaciones genéticas.

En un avance relacionado del que informa el South China Morning Post, un equipo de investigación militar chino ha llevado a cabo un experimento revolucionario al insertar un gen del oso de agua (tardígrado) en células madre embrionarias humanas, lo que aumenta significativamente su resistencia a la radiación. Utilizando la tecnología CRISPR/Cas9, casi el 90% de las células modificadas sobrevivieron a la exposición letal a los rayos X. Este logro plantea la posibilidad de crear súper soldados que puedan soportar condiciones extremas, como la lluvia radiactiva. Este experimento ejemplifica el tipo de avances científicos que requieren una cobertura mediática exhaustiva para explorar sus implicaciones de manera exhaustiva.

El oso de agua es famoso por su extraordinaria resistencia, capaz de sobrevivir a temperaturas extremas, a la radiación e incluso al vacío del espacio. Al integrar el gen de la proteína supresora de daños del oso de agua en células humanas, los investigadores pretendían transferir estas características de supervivencia a los humanos. El experimento ha captado la atención de los medios de comunicación y ha provocado intensos debates dentro de la comunidad científica y fuera de ella.

Si bien la comunidad científica reconoce los posibles beneficios, como una mayor capacidad de supervivencia de los soldados en entornos hostiles, existen importantes preocupaciones éticas y de seguridad. Se desconocen los efectos a largo plazo de esas modificaciones genéticas y existe el riesgo de que se produzcan mutaciones dañinas y problemas de salud imprevistos. La transferencia de genes entre especies podría tener consecuencias biológicas impredecibles, por lo que es imperativo realizar estudios exhaustivos y a largo plazo para garantizar la seguridad.

La cobertura mediática refleja una mezcla de intriga y preocupación. Medios como el South China Morning Post han destacado los logros técnicos y las posibles aplicaciones militares, al tiempo que señalan los dilemas éticos y la posibilidad de un uso indebido. Los debates en foros y sitios de noticias destacan la naturaleza sin precedentes de este experimento y el potencial tanto de aplicaciones positivas como de serios dilemas éticos.

La reacción del público ha sido variada. Algunos consideran que la investigación es un avance científico notable con potencial para proteger a los soldados y civiles en escenarios nucleares.

Otros están alarmados por las implicaciones éticas y temen que se cree una nueva carrera armamentista centrada en humanos genéticamente mejorados. El debate pone de relieve la necesidad de establecer directrices éticas estrictas y regulaciones internacionales que regulen el uso de biotecnologías tan poderosas.

Las redes sociales también desempeñarán un papel crucial en la configuración de la percepción pública. Plataformas como Twitter, Facebook y YouTube permiten la rápida difusión de información y opiniones. Las publicaciones virales, los memes y los videos pueden amplificar tanto la información precisa como la desinformación. Por ejemplo, la rápida propagación de teorías conspirativas durante la pandemia de COVID-19 demuestra la rapidez con la que las narrativas pueden arraigarse, independientemente de su base fáctica. Los hashtags y los temas de tendencia relacionados con los soldados CRISPR probablemente seguirían un patrón similar, con la aparición de opiniones polarizadas que influirían en el discurso público más amplio.

Es esencial reconocer la posibilidad de que la desinformación y el sensacionalismo opaquen los debates matizados. El enfoque de los medios en escenarios dramáticos y extremos podría llevar a una sobrestimación de las capacidades y los riesgos inmediatos de la tecnología CRISPR. Un periodismo equilibrado y responsable será crucial para garantizar que el público reciba información precisa, fomentando debates informados y racionales sobre las implicaciones éticas y prácticas de los soldados CRISPR.

La representación que los medios de comunicación hagan de los soldados de CRISPR será una compleja interacción de sensacionalismo, debates éticos y narrativas culturales. A medida que avancemos, será fundamental analizar críticamente estas representaciones y buscar perspectivas equilibradas para navegar por el intrincado panorama de los avances genéticos y su impacto en la sociedad.

Capítulo 9.
Impactos culturales y sociales

En el discurso en evolución sobre la tecnología CRISPR y sus aplicaciones en la guerra, las reacciones culturales desempeñan un papel crucial. Las sociedades de todo el mundo tienen perspectivas distintas, condicionadas por contextos históricos, éticos y sociopolíticos. Estas reacciones no son monolíticas, sino un tapiz de puntos de vista diversos que reflejan valores y preocupaciones profundamente arraigados.

En muchos países occidentales, en particular los que tienen una historia de democracia liberal, la reacción a la modificación genética en la guerra suele ser cautelosa y cargada de escrutinio ético. El discurso público gira con frecuencia en torno a las implicaciones morales de "jugar a ser Dios" y la posibilidad de crear una nueva clase de seres humanos mejorados, que recuerdan a la ficción distópica. Los precedentes históricos, como los movimientos eugenésicos de principios del siglo XX, han dejado una sospecha persistente hacia la manipulación genética, en particular cuando está vinculada al poder estatal y a objetivos militares. La opinión pública en estas regiones está generalmente dividida, y una parte significativa expresa preocupación por la posibilidad de abuso y erosión de los derechos individuales.

En cambio, los países con gobiernos centralizados fuertes y un enfoque estratégico en el avance tecnológico, como China, muestran una actitud más pragmática. El gobierno chino ha invertido mucho en investigación genética y considera la tecnología CRISPR un componente fundamental de su estrategia de defensa nacional. Esta postura se refleja a menudo en la aceptación más amplia de la modificación genética por parte de la sociedad, considerada como una evolución necesaria para mantener la competitividad global. Sin embargo, esto no elimina los debates internos. Los intelectuales y científicos chinos suelen participar en debates sobre los límites éticos de esas tecnologías, aunque estos debates suelen ser menos visibles para la comunidad mundial debido al control gubernamental sobre los medios de comunicación y el discurso público.

En regiones como Oriente Medio, las perspectivas culturales y religiosas influyen significativamente en la aceptación de la modificación genética en la guerra. La bioética islámica, que hace hincapié en la santidad del cuerpo humano como creación de Dios, generalmente muestra una fuerte resistencia a las modificaciones genéticas. Estas opiniones están profundamente arraigadas en el tejido social e influyen tanto en la opinión pública como en la formulación de políticas. Por ejemplo, en países como Arabia Saudita e Irán, los líderes religiosos ejercen una influencia considerable y a menudo expresan una fuerte oposición a la ingeniería genética, presentándola como una afrenta a la voluntad divina. Esto crea un panorama complejo en el que el avance tecnológico debe sortear los estrictos límites éticos establecidos por las doctrinas religiosas.

Las naciones africanas presentan un panorama variado, influenciado por sus singulares contextos históricos y socioeconómicos. En muchos países africanos, las preocupaciones inmediatas son más sobre el acceso a la atención médica básica y la tecnología que sobre los avances de alta tecnología que representa CRISPR. Sin embargo, existe una creciente conciencia y curiosidad sobre la tecnología genética, especialmente entre la población más joven y con mayor nivel educativo. Este grupo demográfico ve beneficios potenciales en áreas como la erradicación de enfermedades y la mejora agrícola, pero la militarización de la tecnología genética a menudo se ve con sospecha. Los recuerdos de la explotación colonial y las prácticas médicas poco éticas, como el infame Estudio de la Sífilis de Tuskegee, contribuyen a una actitud cautelosa hacia cualquier forma de experimentación genética.

Estas reacciones culturales no son estáticas, sino que evolucionan a medida que las sociedades abordan las cuestiones éticas, prácticas y existenciales que plantea la modificación genética. El diálogo global se complica aún más por la influencia de organizaciones y tratados internacionales, como la Convención sobre Armas Biológicas, que tienen por objeto regular el uso de tecnologías genéticas en la guerra. Estos tratados reflejan un esfuerzo colectivo para prevenir el uso indebido de tecnologías poderosas, pero su eficacia depende en gran medida de la voluntad de cada nación de adherirse a las normas y estándares acordados.

A medida que avanza la conversación, es fundamental considerar los diversos paisajes culturales que moldean la opinión pública y las políticas. Comprender estas reacciones ayuda a iluminar las implicaciones sociales más amplias de implementar la tecnología CRISPR en la guerra, destacando la necesidad de un enfoque matizado y globalmente informado para este campo que avanza rápidamente. Este mosaico cultural prepara el escenario para examinar la percepción pública y la influencia de los medios de comunicación sobre la modificación genética en la guerra, revelando la compleja interacción entre los valores sociales y la innovación tecnológica.

A medida que profundizamos en las implicaciones sociales de la tecnología CRISPR y sus aplicaciones militares, es imperativo considerar el impacto más amplio sobre los derechos humanos y la dinámica social. La introducción de soldados modificados genéticamente y el potencial de optimización genética en la población general plantean profundas preguntas sobre la discriminación y la integración en la sociedad.

La posibilidad de eliminar enfermedades hereditarias y mejorar las capacidades humanas conlleva la promesa de la edición genética mediante CRISPR, pero también conlleva el riesgo de exacerbar las desigualdades sociales existentes. Históricamente, los avances tecnológicos han dado lugar a nuevas formas de estratificación social. Por ejemplo, el acceso a las primeras computadoras y a Internet creó una brecha digital, predominantemente en función de criterios socioeconómicos. De manera similar, el acceso a las mejoras genéticas puede convertirse en un privilegio reservado a los ricos, lo que afianza aún más las brechas sociales.

La discriminación basada en rasgos genéticos no es un concepto nuevo. En la historia reciente, el movimiento eugenésico, que buscaba mejorar la calidad genética de las poblaciones humanas, condujo a esterilizaciones forzadas y otros abusos de los derechos humanos. Este oscuro capítulo sirve como advertencia para la era moderna, destacando el potencial de mal uso de las tecnologías genéticas. Surge entonces la pregunta: si comenzamos a mejorar genéticamente a soldados o civiles, ¿cómo nos aseguramos de que eso no conduzca a una nueva forma de discriminación genética?

Otra preocupación acuciante es que el uso de bases de datos de ADN por parte de las fuerzas de seguridad y el posible uso militar de tecnologías de edición genética como CRISPR comparten similitudes significativas en términos de consideraciones éticas, preocupaciones sobre la privacidad y los desafíos que plantea la regulación de las biotecnologías avanzadas. Ambas aplicaciones subrayan la dificultad de contener tecnologías poderosas una vez que están disponibles y se utilizan ampliamente.

Las fuerzas del orden han utilizado cada vez más las bases de datos de ADN de sitios web de genealogía de consumidores como Ancestry.com y 23andMe para resolver casos sin resolver y rastrear sospechosos. Esta práctica ganó una amplia atención con la captura del Asesino del Estado Dorado en 2018, utilizando el ADN del perfil genealógico de un pariente. El Asesino del Estado Dorado, también conocido como Joseph James DeAngelo, fue responsable de una serie de crímenes atroces que incluyeron asesinatos, violaciones y robos que aterrorizaron a California desde la década de 1970 hasta la de 1980. Durante décadas, estos crímenes permanecieron sin resolver a pesar de las extensas investigaciones y la recopilación de diversas formas de evidencia, incluidas muestras de ADN de las escenas del crimen.

El gran avance se produjo cuando los investigadores cargaron un perfil de ADN obtenido de las pruebas de la escena del crimen en una base de datos genealógica pública llamada GEDmatch. A diferencia de las bases de datos comerciales como Ancestry.com y 23andMe, GEDmatch permite a los usuarios cargar sus datos genéticos sin procesar obtenidos de diferentes empresas de pruebas para encontrar posibles parientes. Al comparar el ADN de la escena del crimen con los perfiles disponibles en GEDmatch, los investigadores pudieron identificar a los parientes lejanos del sospechoso.

Esta búsqueda familiar condujo a la construcción de un árbol genealógico, reduciendo el grupo de posibles sospechosos en función de la edad, la ubicación y otros factores. Finalmente, Joseph James DeAngelo surgió como un candidato probable. Para confirmar su identidad, los investigadores recolectaron una muestra de ADN descartada de DeAngelo y la compararon con la evidencia de ADN de las escenas del crimen, vinculándolo de manera concluyente con los crímenes. DeAngelo fue arrestado en abril de 2018 y luego se declaró culpable de múltiples cargos, lo que permitió cerrar el capítulo a numerosas víctimas y sus familias.

El uso de una base de datos genealógica para resolver este caso de alto perfil demostró el poder de la tecnología del ADN y su potencial para resolver casos sin resolver. Sin embargo, también desató un importante debate sobre la privacidad y las consideraciones éticas. Los críticos argumentaron que las personas que cargaban su ADN en bases de datos genealógicas no necesariamente consintieron en que sus datos se utilizaran en investigaciones criminales, lo que generó inquietudes sobre el consentimiento informado y el potencial de uso indebido. Los defensores, por otro lado, destacaron el inmenso potencial de dichas bases de datos para hacer justicia en casos que durante mucho tiempo se habían considerado irresolubles.

Este caso histórico subrayó la naturaleza de doble filo de la tecnología del ADN: su capacidad para revolucionar la aplicación de la ley y la justicia penal, al tiempo que plantea serias preguntas sobre la privacidad, el consentimiento y el uso ético de la información genética.

El posible uso militar de CRISPR para crear soldados genéticamente mejorados plantea un conjunto diferente de desafíos, pero comparte el mismo problema general de control de la tecnología avanzada. CRISPR podría utilizarse para mejorar las capacidades físicas y cognitivas, haciendo que los soldados sean más fuertes, más rápidos y más resistentes. Sin embargo, las implicaciones éticas son profundas. La línea entre el uso terapéutico y la mejora puede difuminarse, lo que plantea interrogantes sobre el consentimiento, el potencial uso indebido y los impactos sociales a largo plazo. Una vez que se desarrolla la tecnología, es difícil evitar que se utilice para fines que vayan más allá de su intención inicial.

En ambos casos, las cuestiones de privacidad y consentimiento son primordiales. Con las bases de datos de ADN, las personas podrían, sin saberlo, ver su información genética utilizada de maneras que no habían consentido. De manera similar, los soldados podrían ser sometidos a mejoras genéticas sin comprender plenamente o consentir las implicaciones a largo plazo. Ambas tecnologías ponen de relieve la dificultad de la regulación. Las bases de datos de ADN, inicialmente pensadas para uso personal, se han convertido en herramientas para la aplicación de la ley. De manera similar, CRISPR, desarrollada para avances médicos y científicos, podría ser apropiada para uso militar. Una vez que estas tecnologías estén al descubierto, contener su uso se vuelve casi imposible.

Las preocupaciones éticas son importantes en ambos escenarios. El uso del ADN para resolver crímenes puede prevenir delitos futuros y dar un cierre a las familias de las víctimas, pero también conlleva el riesgo de violaciones de la privacidad y un posible uso indebido. Las aplicaciones militares de CRISPR podrían mejorar la seguridad nacional y la seguridad de los soldados, pero también podrían conducir a una nueva carrera armamentista y a dilemas éticos sobre la mejora humana. Ambas tecnologías tienen el potencial de tener consecuencias no deseadas. El uso indebido de las bases de datos genéticos podría conducir a condenas injustas o violaciones de la privacidad. El uso indebido de CRISPR en el ejército podría conducir a problemas de salud imprevistos, preocupaciones éticas y divisiones sociales.

La comparación entre el uso de bases de datos de ADN por parte de las fuerzas de seguridad y el posible uso militar de CRISPR pone de relieve las complejidades y los dilemas éticos inherentes a las biotecnologías avanzadas. Ambos aspectos ponen de relieve la necesidad de contar con marcos regulatorios sólidos, directrices éticas y un diálogo público permanente para afrontar los desafíos que plantean estas poderosas herramientas. La dificultad de mantener estas tecnologías fuera del alcance de las fuerzas de seguridad y de los militares una vez que estén disponibles pone de relieve la importancia de adoptar medidas proactivas para garantizar su uso responsable y ético.

Las organizaciones internacionales de derechos humanos ya han empezado a manifestar su preocupación por las implicaciones éticas de la edición genética. La Declaración Universal de las Naciones Unidas sobre el Genoma Humano y los Derechos Humanos establece explícitamente que la ingeniería genética no debe dar lugar a la discriminación de personas o grupos. Este documento histórico, adoptado en 1997, fue un paso proactivo para garantizar que los avances en la ciencia genética respeten la dignidad y los derechos humanos. El artículo 6 de la Declaración establece claramente que nadie será objeto de discriminación por sus características genéticas, y hace hincapié en la necesidad de impedir que la información genética se utilice para estigmatizar o perjudicar a las personas.

A pesar de estos principios, su aplicación en un mundo en el que las mejoras genéticas se han convertido en algo habitual plantea importantes retos. Una de las principales preocupaciones es la posibilidad de que las mejoras genéticas creen una nueva forma de desigualdad social. Si el acceso a las mejoras genéticas se limita a quienes pueden costearlas, podría exacerbar las disparidades sociales y económicas existentes, dando lugar a una sociedad en la que los modificados genéticamente tengan ventajas significativas sobre los que no las tienen. Esto podría afectar a diversos aspectos de la vida, como la educación, el empleo y la atención sanitaria, profundizando la brecha entre los diferentes grupos socioeconómicos.

Además, existe el riesgo de que las mejoras genéticas se utilicen con fines eugenésicos. La historia ha demostrado los peligros de la eugenesia, donde los intentos de "mejorar" la población humana mediante la crianza selectiva condujeron a graves violaciones de los derechos humanos. Con la ingeniería genética, existe el temor de que puedan resurgir ideologías similares, promoviendo la idea de crear seres humanos "perfectos" y marginando a quienes no cumplen ciertos criterios genéticos. Esto podría conducir a una discriminación generalizada y a una pérdida de diversidad genética, que es crucial para la resiliencia y la adaptabilidad de la especie humana.

Otro desafío para la aplicación de las normas es la naturaleza global del desarrollo de la tecnología genética. Los países pueden tener diferentes normas y estándares éticos en materia de ingeniería genética, lo que dificulta establecer un enfoque unificado para prevenir la discriminación. Por ejemplo, mientras que algunos países pueden regular estrictamente las mejoras genéticas para garantizar la equidad y el cumplimiento ético, otros pueden adoptar políticas más laxas para atraer la investigación y la inversión científicas. Esta disparidad puede conducir al "turismo genético", en el que las personas viajan a países con menos normas para obtener mejoras genéticas, lo que complica aún más la aplicación de normas éticas universales.

El turismo genético, al igual que la tendencia de los occidentales a viajar a otros países para recibir tratamiento médico donde es más barato y está menos regulado, refleja las disparidades mundiales en la regulación, el costo y la accesibilidad de la atención médica. Ambos fenómenos ponen de relieve cómo las personas buscan procedimientos médicos en países con regulaciones menos estrictas o costos más bajos, a menudo impulsados por limitaciones financieras o el deseo de acceder a tratamientos que pueden no estar disponibles o están muy regulados en sus países de origen.

El turismo genético implica que las personas viajen a países con regulaciones más permisivas para someterse a modificaciones genéticas, como mejoras o tratamientos basados en CRISPR. Estos países pueden ofrecer intervenciones genéticas avanzadas que no están aprobadas o que se encuentran en etapas experimentales en regiones más reguladas como Estados Unidos o Europa. Las motivaciones para el turismo genético pueden incluir el acceso a tratamientos de vanguardia que aún no han sido aprobados por los organismos reguladores en sus países de origen, costos más bajos en países menos regulados que hacen que estos procedimientos sean más accesibles y el deseo de evadir las regulaciones para intervenciones genéticas consideradas ética o legalmente controvertidas en sus países de origen.

De manera similar, el turismo médico consiste en que los occidentales viajan a otros países para acceder a tratamientos médicos a una fracción del costo que pagarían en su país. Países como India, Tailandia y México se han convertido en destinos populares para procedimientos que van desde la cirugía estética hasta operaciones importantes. Los factores que impulsan el turismo médico incluyen costos más bajos debido a menores gastos laborales y administrativos, acceso más rápido a servicios médicos sin largas listas de espera y la disponibilidad de tratamientos que podrían no ser accesibles en el país debido a restricciones regulatorias o disponibilidad limitada.

Tanto el turismo genético como el turismo médico aprovechan las variaciones en los entornos regulatorios. En países con regulaciones menos estrictas, las clínicas y los hospitales pueden ofrecer tratamientos que aún no están aprobados o que se consideran experimentales en otros lugares. Esta flexibilidad regulatoria atrae a pacientes dispuestos a asumir los riesgos asociados con una menor supervisión. El costo es un factor importante para ambos tipos de turismo, ya que los altos costos de la atención médica en los países occidentales empujan a los pacientes a buscar opciones más asequibles en el extranjero. Esto es particularmente evidente en el turismo médico, donde el costo de las cirugías, el trabajo dental e incluso los procedimientos de rutina puede ser drásticamente menor. De manera similar, el alto costo de los tratamientos genéticos avanzados en los mercados regulados puede llevar a la búsqueda de opciones más asequibles en países con restricciones económicas y regulatorias menos estrictas.

Ambas formas de turismo plantean problemas éticos y de seguridad. En el turismo genético, la posibilidad de consecuencias genéticas imprevistas y la falta de estudios a largo plazo sobre seguridad y eficacia plantean riesgos importantes. En el turismo médico, la calidad de la atención puede variar ampliamente y, a menudo, los pacientes tienen menos recursos a los que recurrir si algo sale mal. Ambos tipos de turismo pueden dar lugar a resultados deficientes debido a la variabilidad de las normas y prácticas médicas en los distintos países.

El turismo médico puede generar una gran presión sobre los sistemas sanitarios locales de los países de destino, donde los recursos pueden desviarse para atender a pacientes extranjeros a expensas de las poblaciones locales. De manera similar, la afluencia de turistas genéticos puede generar dilemas éticos y problemas de asignación de recursos, en particular en países que pueden carecer de marcos regulatorios sólidos para gestionar las complejidades de los tratamientos genéticos avanzados. Ambos fenómenos ponen de relieve las disparidades sanitarias mundiales que llevan a las personas a buscar atención médica fuera de sus países de origen. Ponen de relieve la distribución desigual de las tecnologías médicas y genéticas y los desafíos para garantizar un acceso equitativo a estos avances en todo el mundo.

El turismo genético y el turismo médico, que buscan tratamientos más baratos y menos regulados, comparten aspectos comunes: ahorro de costos, evasión de regulaciones y acceso a atención avanzada o oportuna. Ambos reflejan problemas más amplios en la atención médica mundial, incluidas las disparidades en el acceso, consideraciones éticas y los desafíos de mantener estándares consistentes en diferentes entornos regulatorios. A medida que las tecnologías genéticas sigan avanzando, los paralelismos entre estas dos formas de viajes médicos probablemente se harán más pronunciados, lo que requerirá un enfoque matizado de la regulación, la ética y la seguridad del paciente a escala mundial.

En un mundo en el que las tecnologías genéticas avanzadas como CRISPR son cada vez más accesibles, la perspectiva de que grupos terroristas aprovechen las laxas regulaciones de ciertas regiones para crear superterroristas modificados genéticamente es una preocupación creciente. Estos grupos, impulsados por ideologías extremistas y dispuestos a utilizar cualquier medio necesario para lograr sus objetivos, podrían viajar a países con una supervisión mínima de la edición genética para desarrollar agentes mejorados. Estas modificaciones podrían incluir mayor fuerza física, capacidades cognitivas mejoradas, curación acelerada y resistencia a condiciones ambientales extremas, lo que convertiría a estos superterroristas en adversarios formidables.

El potencial de tales desarrollos es particularmente alarmante dada la relativa facilidad con que se puede adquirir y utilizar la tecnología CRISPR. A diferencia de las armas tradicionales, las herramientas de edición genética no requieren una gran infraestructura ni materiales visibles, lo que las hace más fáciles de ocultar y transportar. Los grupos terroristas podrían establecer laboratorios clandestinos en países con marcos regulatorios débiles, lejos de las miradas indiscretas de la supervisión internacional. Estos laboratorios podrían convertirse en caldos de cultivo para el desarrollo de agentes genéticamente mejorados que sean más resistentes, letales y capaces de llevar a cabo misiones complejas con una eficiencia sin precedentes.

Las implicaciones de los superterroristas modificados genéticamente son profundas. Las capacidades físicas mejoradas permitirían a estos individuos soportar condiciones extenuantes, llevar a cabo operaciones prolongadas y participar en combate con mayor resistencia y fuerza. Las mejoras cognitivas podrían dar lugar a agentes con un pensamiento estratégico agudizado, una mejor toma de decisiones bajo presión y una capacidad para manipular la información y la tecnología de forma más eficaz. Además, la curación acelerada y la resistencia a las tensiones ambientales harían que estos agentes fueran más difíciles de neutralizar y más adaptables a diversos escenarios operativos.

La comunidad internacional se enfrenta a importantes desafíos para hacer frente a esta amenaza potencial. La disparidad de normas regulatorias entre los países crea lagunas que pueden ser explotadas por actores maliciosos. Mientras que algunos países tienen controles estrictos sobre la investigación y las modificaciones genéticas, otros carecen de los recursos o la voluntad política para aplicar regulaciones integrales. Este mosaico de entornos regulatorios proporciona un terreno fértil para los grupos terroristas que buscan aprovechar el poder de la edición genética con fines nefastos.

Imagínese este escenario ficticio que podría convertirse en realidad en un futuro próximo.

En el sótano poco iluminado de un almacén abandonado en las afueras de una bulliciosa ciudad de Europa del Este, un grupo de cuatro hombres se apiñaba alrededor de una pantalla parpadeante de ordenador portátil. Los hombres, conocidos sólo por sus nombres en clave (Jamal, Karim, Fadil y Tariq), eran miembros de una organización terrorista altamente secreta llamada Al-Qadim. Su misión: someterse a modificaciones genéticas y convertirse en los primeros superterroristas del mundo, capaces de ejecutar un ataque devastador en los Estados Unidos.

El líder de Al-Qadim, una figura enigmática conocida simplemente como El Arquitecto, había planeado meticulosamente cada detalle de la Operación Génesis. Había identificado un pequeño país asolado por la guerra y prácticamente sin regulación sobre la investigación genética como el lugar ideal para las modificaciones. La falta de supervisión del país y su desesperada necesidad de financiación le facilitaron al Arquitecto sobornar a los funcionarios locales y conseguir los servicios del Dr. Viktor Koval, un científico rebelde con una oscura reputación por su trabajo en ingeniería genética.

Jamal, Karim, Fadil y Tariq fueron elegidos por sus habilidades únicas y su lealtad inquebrantable a la causa. Jamal, un ex comando de élite, recibiría mejoras en su fuerza y resistencia. Karim, un hacker experto, sufriría modificaciones en sus habilidades cognitivas, lo que le permitiría procesar información a una velocidad sin precedentes. Fadil, un maestro del disfraz y la infiltración, obtendría una curación acelerada y resistencia a las toxinas. Tariq, un francotirador con una precisión inigualable, recibiría mejoras en su vista y reflejos.

El viaje al laboratorio clandestino estuvo plagado de innumerables señales de peligro. Los cuatro agentes viajaron bajo identidades falsas, moviéndose a través de una red de casas seguras y utilizando comunicaciones cifradas para evitar ser detectados. Después de unas semanas de viaje encubierto, finalmente llegaron a la decrépita instalación oculta en lo profundo de las montañas, donde el Dr. Koval los esperaba con su equipo de científicos.

El laboratorio del Dr. Koval era un laberinto de equipos genéticos avanzados y viviendas improvisadas. Las paredes estaban cubiertas de jaulas que contenían animales modificados genéticamente, inquietantes recordatorios de la naturaleza experimental de su misión. Cada uno de los agentes era sometido a una serie de pruebas y procedimientos extenuantes. A lo largo de varios meses, sus cuerpos se transformaban a nivel genético. El dolor y la incertidumbre eran compañeros constantes, pero la promesa de un poder incomparable los mantenía concentrados en su objetivo.

A medida que las mejoras surtían efecto, los agentes empezaron a notar los cambios. Jamal podía levantar pesas que aplastarían a un hombre corriente. La mente de Karim se convirtió en una supercomputadora, capaz de hackear los sistemas más seguros en cuestión de segundos. Las heridas de Fadil sanaron casi al instante y pudo soportar dosis de veneno que matarían a un humano normal. La visión de Tariq se agudizó hasta el punto de poder ver en la oscuridad y acertar a objetivos con una precisión milimétrica desde distancias increíbles.

Una vez completadas sus transformaciones, los cuatro superterroristas estaban listos para ejecutar la fase final de la Operación Génesis. Regresaron a su base de operaciones, donde El Arquitecto les informó sobre su misión. El plan era atacar un objetivo de alto perfil en los Estados Unidos, demostrando sus nuevas habilidades e infundiendo miedo en los corazones de sus enemigos.

El objetivo era la Torre de la Libertad en la ciudad de Nueva York. La misión estaba meticulosamente planeada: Jamal lideraría el asalto físico, neutralizando la seguridad y creando caos. Karim piratearía los sistemas de seguridad del edificio, desactivando cámaras y alarmas. Fadil se infiltraría en la torre y colocaría explosivos en puntos estratégicos. Tariq se encargaría de la vigilancia, eliminando al personal clave desde la distancia para garantizar el éxito de la operación.

En una mañana fría y clara, los cuatro agentes se adentraron en Estados Unidos y se mezclaron con la bulliciosa multitud de la ciudad. Se movieron con precisión y coordinación, y cada uno llevó a cabo sus tareas asignadas con una eficacia letal. La Torre de la Libertad, un símbolo de resiliencia y esperanza, estaba a punto de convertirse en el escenario de un nuevo tipo de guerra.

La fuerza mejorada de Jamal le permitió dominar a los guardias de seguridad sin esfuerzo, mientras que las habilidades de piratería de Karim sumieron el edificio en la oscuridad. Las habilidades curativas de Fadil le permitieron sobrevivir a un tiroteo prolongado que provocó muchas bajas. Pudo continuar con su misión, colocando explosivos que derribarían la torre. La visión mejorada y los reflejos de Tariq garantizaron que nadie pudiera interferir en su plan.

A medida que se desarrollaban los momentos finales de la operación, el equipo ejecutó su plan de escape y desapareció en el caos que habían creado. La Torre de la Libertad no tenía ninguna posibilidad contra el poder combinado de los agentes genéticamente mejorados. La explosión fue devastadora y dejó a una ciudad y a una nación en estado de shock.

La Operación Génesis fue una cruda demostración del potencial de las modificaciones genéticas para crear una nueva raza de superterroristas. El ataque a la Torre de la Libertad sirvió como una dura advertencia de los peligros de la ingeniería genética no regulada, mostrando con qué facilidad esa tecnología podía volverse contra la sociedad. El mundo se vio obligado a enfrentar la terrible realidad de que el futuro de la guerra había llegado, trayendo consigo desafíos éticos y de seguridad sin precedentes.

Para hacer frente a esta amenaza se necesita una respuesta global coordinada. El fortalecimiento de las normas internacionales sobre edición genética, el aumento de la cooperación entre las agencias de inteligencia y la inversión en tecnologías de vigilancia avanzadas son pasos cruciales. Además, la sensibilización sobre los riesgos asociados a las modificaciones genéticas no reguladas y la promoción de normas éticas en la investigación científica pueden ayudar a mitigar el posible uso indebido de esta poderosa tecnología. A medida que la edición genética sigue evolucionando, la comunidad internacional debe permanecer vigilante para garantizar que estos avances no sean cooptados por quienes buscan utilizarlos con fines terroristas y de destrucción.

Además, el rápido ritmo de los avances tecnológicos en genética a menudo supera el desarrollo de los marcos jurídicos y éticos correspondientes. Los legisladores y los responsables de las políticas a menudo se encuentran en una situación en la que tienen que ponerse al día, tratando de abordar las implicaciones de las nuevas tecnologías después de que ya se han introducido. Este retraso puede dar lugar a un período en el que las mejoras genéticas están disponibles sin una supervisión adecuada, lo que aumenta el riesgo de uso indebido y discriminación.

La percepción y la aceptación pública de las mejoras genéticas también desempeñan un papel crucial. Si la sociedad considera las mejoras genéticas como una norma o incluso como una necesidad para competir en diversos campos, podría presionar a las personas a someterse a mejoras en contra de su voluntad o de su mejor criterio. Esta presión social puede conducir a una nueva forma de coerción, en la que la elección de no mejorarse a sí mismo o a sus hijos da lugar a desventajas significativas.

Si bien la Declaración Universal de las Naciones Unidas sobre el Genoma Humano y los Derechos Humanos establece un marco ético fundamental para prevenir la discriminación basada en características genéticas, la aplicación práctica de estos principios enfrenta numerosos desafíos. Para abordarlos se requiere un esfuerzo mundial concertado para desarrollar medidas jurídicas, éticas y regulatorias sólidas que puedan seguir el ritmo de los avances tecnológicos, asegurando que la ingeniería genética sirva al bien común sin comprometer los derechos humanos y la dignidad.

Además, la integración de individuos modificados genéticamente en la sociedad plantea desafíos singulares. Por un lado, los individuos modificados genéticamente podrían ser percibidos como superiores, lo que podría dar lugar a una nueva clase de élite. Por otro lado, quienes no están modificados genéticamente podrían enfrentarse a la estigmatización y la marginación. Esta dicotomía podría perturbar la cohesión social y dar lugar a conflictos.

No se puede pasar por alto el impacto psicológico en los propios individuos. Para los soldados mejorados mediante CRISPR, la transición de regreso a la vida civil puede estar plagada de dificultades. Sus habilidades mejoradas, si bien son ventajosas en el campo de batalla, podrían convertirse en fuentes de alienación en las interacciones cotidianas. Este fenómeno tiene paralelos con las luchas que enfrentan los veteranos de guerras convencionales, quienes a menudo experimentan dificultades para reintegrarse a la vida civil debido a sus experiencias y habilidades únicas.

Los especialistas en ética sostienen que, para mitigar estos riesgos, deben implementarse políticas y regulaciones sólidas que garanticen un acceso justo y equitativo a las tecnologías genéticas. Además, debe haber un esfuerzo concertado para fomentar un espíritu social que valore la diversidad genética y reconozca la dignidad inherente de todos los individuos, independientemente de su composición genética. Esto requiere un enfoque multidisciplinario, en el que participen los responsables de las políticas, los científicos, los especialistas en ética y el público, para navegar por el complejo terreno de los avances genéticos.

CAPÍTULO 10.
PERSPECTIVAS FUTURAS Y ESPECULACIONES

A medida que profundizamos en las posibilidades futuras de la tecnología CRISPR, debemos considerar los avances especulativos que podrían transformar no solo la guerra sino también la sociedad en general. El potencial de CRISPR para revolucionar la ingeniería genética parece ilimitado y amplía los límites de lo que actualmente consideramos posible.

Uno de los aspectos más intrigantes de CRISPR es su capacidad de atacar y modificar genes específicos con una precisión notable. Esto ya ha abierto las puertas a posibles curas para trastornos genéticos y avances en la biotecnología agrícola. De cara al futuro, los científicos están explorando cómo se podría utilizar CRISPR para mejorar las capacidades humanas más allá de las limitaciones naturales. Por ejemplo, los investigadores están investigando la posibilidad de utilizar CRISPR para mejorar rasgos físicos como la fuerza muscular, la resistencia e incluso las capacidades cognitivas. Estas mejoras podrían crear individuos con facultades físicas y mentales superiores, adaptadas a tareas o entornos específicos.

En el campo de la medicina, las futuras aplicaciones de CRISPR son particularmente interesantes. Los investigadores están desarrollando terapias basadas en CRISPR para atacar y erradicar los cánceres de manera más efectiva. Al editar los genes de las células inmunes para que reconozcan y ataquen mejor a las células cancerosas, podríamos ver un cambio significativo en los paradigmas del tratamiento del cáncer. Además, la posibilidad de editar la línea germinal humana (el material genético que se transmite de una generación a la siguiente) plantea la posibilidad de eliminar por completo las enfermedades hereditarias. Si bien esta perspectiva es éticamente controvertida, la comunidad científica continúa debatiendo su viabilidad e implicaciones morales.

Además, la tecnología CRISPR podría desempeñar un papel fundamental para abordar los desafíos sanitarios mundiales. Por ejemplo, se está estudiando su uso como herramienta para combatir enfermedades transmitidas por vectores, como la malaria y el dengue. Al modificar genéticamente a los mosquitos para reducir su capacidad de transmitir estas enfermedades, la tecnología CRISPR podría reducir significativamente las tasas de infección y salvar millones de vidas al año.

Mientras especulamos sobre estos avances, es esencial considerar las implicaciones más amplias. La posibilidad de utilizar CRISPR para mejorar a los seres humanos plantea importantes cuestiones éticas. ¿Qué significa ser humano si podemos mejorar artificialmente nuestras capacidades físicas y mentales? La posibilidad de crear una división entre los individuos mejorados genéticamente y los que permanecen sin modificar podría exacerbar las desigualdades sociales, lo que daría lugar a nuevas formas de discriminación y tensión social.

Además, el concepto de mejora genética no se limita al campo de batalla o al campo médico. En la agricultura, CRISPR podría revolucionar la producción de alimentos al crear cultivos más resistentes a las plagas, las enfermedades y el cambio climático. Esto podría resolver problemas de seguridad alimentaria mundial y reducir el impacto ambiental de las prácticas agrícolas. Sin embargo, la adopción generalizada de organismos genéticamente modificados (OGM) sigue siendo un tema polémico, con debates en curso sobre su seguridad y sus implicaciones éticas.

El ritmo de los avances tecnológicos en ingeniería genética se está acelerando y, con él, surgen nuevas posibilidades y desafíos. A medida que miramos hacia un futuro en el que CRISPR y otras tecnologías genéticas se integren más en diversos aspectos de la vida, es fundamental entablar debates reflexivos e informados sobre sus posibles impactos. Equilibrar la promesa de estos avances con las consideraciones éticas y sociales que conllevan será clave para garantizar que naveguemos por esta nueva frontera de manera responsable.

Dejando de lado los avances especulativos en ingeniería genética, resulta evidente que las implicaciones se extienden mucho más allá del laboratorio. La integración de la tecnología CRISPR en aplicaciones militares presenta un conjunto particularmente complejo de desafíos y oportunidades que merecen una consideración cuidadosa. Esta intersección entre la ciencia de vanguardia y la seguridad global resalta la necesidad de marcos regulatorios sólidos y pautas éticas para regular el uso de tecnologías genéticas en la guerra. A medida que avanzamos en el análisis de las ramificaciones geopolíticas de los soldados mejorados con CRISPR, no se puede exagerar la importancia de la cooperación y la regulación internacionales.

Al examinar las perspectivas futuras de la tecnología CRISPR, en particular su aplicación en contextos militares, es imperativo abordar la necesidad crítica de recomendaciones políticas sólidas. El rápido avance de las herramientas de edición genética, como CRISPR, trae consigo profundas implicaciones éticas, legales y sociales. Por lo tanto, es esencial una regulación proactiva para prevenir un posible uso indebido y garantizar que estas poderosas tecnologías se implementen de manera responsable.

Los beneficios potenciales de CRISPR en la medicina y la agricultura son inmensos, pero cuando se trata de aplicaciones militares, lo que está en juego es aún mayor. La creación de soldados modificados genéticamente, o "supersoldados", presenta un conjunto único de desafíos que requieren una consideración cuidadosa. Una de las principales preocupaciones es el dilema ético de mejorar a los seres humanos para fines de combate. Los precedentes históricos, como el movimiento eugenésico, subrayan los peligros de buscar la "perfección" genética y destacan la necesidad de pautas éticas estrictas.

Para regular el uso militar de CRISPR, la cooperación internacional es crucial. De manera similar a los marcos establecidos para la no proliferación nuclear, se debería buscar un acuerdo global sobre edición genética en la guerra. Lo ideal sería que ese acuerdo involucrara a organismos internacionales clave como las Naciones Unidas y la Organización Mundial de la Salud. Estas organizaciones podrían ayudar a redactar y aplicar regulaciones que prohíban las modificaciones genéticas no éticas y garanticen la transparencia en la investigación militar.

Los gobiernos nacionales también deben desempeñar un papel fundamental. Los países deberían elaborar una legislación integral que defina el alcance permisible de la investigación genética en sus programas militares. Esta legislación debería exigir una supervisión estricta e incluir disposiciones para auditorías y revisiones periódicas por parte de organismos independientes. Por ejemplo, Estados Unidos podría ampliar la jurisdicción del Inspector General del Departamento de Defensa para incluir la supervisión de los proyectos de investigación genética. De manera similar, otros países podrían establecer organismos equivalentes para supervisar el cumplimiento de las normas internacionales.

La transparencia es otro aspecto fundamental de la regulación. La investigación militar en materia de edición genética debe estar sujeta al escrutinio público hasta cierto punto. Si bien es posible que ciertos detalles deban permanecer clasificados por razones de seguridad nacional, debe lograrse un equilibrio para garantizar que el público permanezca informado sobre las consideraciones éticas y los posibles riesgos involucrados. La implementación de medidas de transparencia, como informes públicos periódicos y foros abiertos para el debate, puede ayudar a generar confianza pública y garantizar la rendición de cuentas.

Además, es esencial la integración de la educación bioética en los programas de formación militar. El personal militar, en particular el que participa en la investigación genética y sus aplicaciones, debería recibir una formación integral sobre las implicaciones éticas de su trabajo. Esta formación contribuiría a cultivar una cultura de responsabilidad ética y garantizaría que las decisiones relativas a las modificaciones genéticas se tomen con un conocimiento profundo de sus posibles consecuencias.

Por último, el rápido ritmo de los avances tecnológicos exige un marco regulatorio flexible que pueda adaptarse a los nuevos avances. Los responsables de las políticas deben permanecer atentos y preparados para actualizar las regulaciones a medida que surjan nuevos desafíos éticos, legales y sociales. Esta adaptabilidad será crucial para mantener el delicado equilibrio entre el fomento de la innovación y la prevención del uso indebido.

La discusión sobre la regulación de la tecnología CRISPR en aplicaciones militares es compleja y multifacética. Requiere un enfoque colaborativo que involucre a organismos internacionales, gobiernos nacionales y el público. Al establecer regulaciones integrales y promover la conciencia ética, podemos aprovechar el potencial de CRISPR y al mismo tiempo protegernos de sus posibles peligros. A medida que continuamos explorando el futuro de la ingeniería genética, estas recomendaciones de políticas proporcionan una base para un avance responsable y ético.

Más allá de los marcos regulatorios, es igualmente importante considerar las implicaciones sociales más amplias de las modificaciones genéticas en el ejército. La integración de la tecnología CRISPR no solo afecta a los soldados que son modificados directamente, sino que también tiene consecuencias de largo alcance para la sociedad en su conjunto. Los impactos culturales y sociales de estos avances serán el foco de nuestra próxima sección, donde profundizaremos en cómo las diferentes culturas podrían reaccionar a los soldados modificados genéticamente y los cambios sociales más amplios que podrían derivarse de ello.

Imaginemos un campo de batalla en el que los soldados ya no estén limitados por los límites de la biología humana. Una mayor fuerza, reflejos más rápidos y capacidades cognitivas más desarrolladas podrían cambiar el curso de cualquier conflicto. Sin embargo, el uso de CRISPR para lograr tales mejoras plantea dilemas éticos que deben sopesarse cuidadosamente. La capacidad de manipular el genoma humano, si bien promete su potencial para erradicar enfermedades, también abre la puerta a consecuencias imprevistas y dilemas morales.

Una de las principales preocupaciones es el concepto de consentimiento. ¿Puede un soldado realmente consentir modificaciones genéticas que alterarán fundamentalmente su fisiología y posiblemente su identidad? Esta cuestión se agrava cuando se considera la naturaleza jerárquica del ejército, donde las órdenes se cumplen sin cuestionarlas. La posibilidad de coerción o presión indebida para someterse a mejoras genéticas no puede descartarse a la ligera. La historia ofrece ejemplos de advertencia: el movimiento eugenésico de principios del siglo XX, que apuntaba a crear una raza humana "mejor", en última instancia condujo a graves violaciones de los derechos humanos.

Además, los efectos a largo plazo de las modificaciones genéticas son todavía en gran medida desconocidos. Si bien la tecnología CRISPR ha demostrado ser prometedora en entornos de laboratorio, las aplicaciones en el mundo real, especialmente bajo las tensiones del combate, aún no se han probado. La posibilidad de trastornos genéticos imprevistos u otras complicaciones de salud plantea riesgos significativos no solo para los individuos involucrados, sino también para la preparación y la moral militares.

La integración de la inteligencia artificial en la optimización genética añade otra capa de complejidad. A medida que los sistemas de IA dictan cada vez más los parámetros de las mejoras genéticas, la autonomía de los soldados individuales podría verse socavada significativamente. El papel de la IA en la optimización de los rasgos humanos puede conducir a una fuerza homogeneizada en la que la diversidad, un elemento crítico de la resiliencia y la adaptabilidad humanas, se sacrifique en aras de la eficiencia percibida. Este cambio hacia un perfil humano más uniforme en las filas militares podría tener implicaciones de largo alcance, incluida la erosión de las libertades individuales y la supresión de cualidades humanas únicas que a menudo son la fuente de la innovación y la creatividad.

Imaginemos esta posibilidad. La integración de la edición genética mediante CRISPR con interfaces cerebro-computadora (BCIs, por sus siglas en inglés) como Neuralink representa un gran avance en la mejora de los soldados militares, ya que combina avances físicos y cognitivos de maneras sin precedentes. La tecnología CRISPR, con su capacidad para editar genes con precisión, ofrece el potencial de mejorar atributos físicos como la fuerza, la resistencia y la resistencia a las enfermedades. Cuando se combina con BCIs, que permiten la comunicación directa entre el cerebro y dispositivos externos, las posibilidades de crear súper soldados se extienden mucho más allá de las meras mejoras físicas.

En el lado positivo, esta combinación podría dar lugar a soldados con capacidades físicas superiores y funciones cognitivas mejoradas. CRISPR podría utilizarse para mejorar la eficiencia muscular y la densidad ósea, lo que permitiría a los soldados transportar cargas más pesadas y soportar misiones más largas sin fatiga. Al mismo tiempo, las BCI como Neuralink podrían proporcionar integración de datos en tiempo real, lo que permitiría a los soldados procesar grandes cantidades de información rápidamente y tomar decisiones en fracciones de segundo con una precisión sin precedentes. Esto permitiría a los soldados operar maquinaria compleja, pilotear drones y gestionar la logística del campo de batalla con mayor precisión y eficiencia. Además, la capacidad de interactuar directamente con los sistemas de comunicación podría conducir a una mejor coordinación y ejecución de las operaciones militares, lo que podría reducir el riesgo de error humano y aumentar el éxito general de la misión.

Sin embargo, la integración de CRISPR y BCI también conlleva implicaciones negativas significativas, en particular en los ámbitos del lavado de cerebro y el control mental. Las mismas tecnologías que mejoran las capacidades cognitivas también pueden explotarse para ejercer control sobre la mente de un soldado. Con acceso directo a las vías neuronales, existe un riesgo potencial de que las BCI puedan usarse para manipular pensamientos, emociones y comportamientos. Esto plantea profundas preocupaciones éticas sobre la autonomía y el libre albedrío, ya que los soldados podrían estar sujetos a una programación o condicionamiento que anule su voluntad personal.

Además, la combinación de mejoras genéticas e interfaces neuronales podría conducir al desarrollo de soldados más susceptibles a la manipulación psicológica. La capacidad de editar genes que influyen en la función cerebral, combinada con información neuronal directa, podría utilizarse teóricamente para imponer obediencia y reprimir la disidencia, creando de hecho una clase de súper soldados que no sólo son físicamente superiores, sino que también están mentalmente condicionados para seguir órdenes sin cuestionarlas. Este nivel de control podría ser explotado por líderes poco éticos, lo que conduciría a posibles abusos de los derechos humanos y a la erosión de las libertades individuales.

Las implicaciones para la privacidad y la seguridad también son significativas. Con las BCI, existe el riesgo de ataques cibernéticos o de piratería externa, en los que los adversarios podrían obtener el control de las interfaces neuronales de los soldados, convirtiéndolos en agentes involuntarios de sabotaje. El potencial de uso indebido en el espionaje y la guerra es inmenso, ya que las fuerzas enemigas podrían utilizar estas tecnologías para perturbar las operaciones militares y crear caos interno.

Si bien la combinación de la edición genética mediante CRISPR y las interfaces cerebro-computadora ofrece posibilidades interesantes para mejorar las capacidades militares, también presenta graves desafíos éticos, psicológicos y de seguridad. La posibilidad de crear una nueva generación de súper soldados conlleva la responsabilidad de abordar estos riesgos y garantizar que los avances en biotecnología e ingeniería neuronal se utilicen para proteger y mejorar la dignidad humana, en lugar de socavarla. El futuro de la guerra requerirá una cuidadosa consideración de las implicaciones de estas tecnologías, equilibrando la búsqueda de superioridad con el imperativo de defender las normas éticas y los derechos humanos.

El futuro de la guerra, determinado por las fuerzas duales de la modificación genética y la inteligencia artificial, es prometedor y peligroso a la vez. Ahora que nos encontramos al borde de esta nueva era, nos corresponde navegar por estas aguas desconocidas con cautela, guiados por un compromiso con los principios éticos y un profundo respeto por la dignidad humana. Solo así podremos aprovechar los beneficios de estas tecnologías y, al mismo tiempo, protegernos de su potencial daño.

Conclusión.
Preparándose para una nueva frontera

A medida que hemos recorrido las complejidades y posibilidades de la tecnología CRISPR y sus posibles aplicaciones en la guerra moderna, es importante reflexionar sobre los puntos clave que han dado forma a nuestra comprensión. La llegada de CRISPR ha revolucionado la edición genética, permitiendo una precisión sin precedentes en la alteración del ADN. Esta innovación, inicialmente aclamada por su potencial para erradicar enfermedades genéticas y mejorar la salud humana, ahora ha encontrado un lugar en las ambiciones militares, lo que genera esperanzas y preocupaciones éticas significativas.

La historia y el desarrollo de CRISPR han estado marcados por rápidos avances y descubrimientos revolucionarios. CRISPR-Cas9, que surgió a partir del estudio de los sistemas inmunitarios bacterianos, ha pasado de ser una curiosidad biológica a una poderosa herramienta con amplias implicaciones. Científicos como Jennifer Doudna y Emmanuelle Charpentier, que contribuyeron decisivamente a aprovechar esta tecnología, imaginaron su uso principalmente en la medicina y la agricultura. Sin embargo, su potencial para mejorar las capacidades humanas atrajo rápidamente el interés de organizaciones militares de todo el mundo.

La fascinación de los militares por la ingeniería genética no es algo totalmente nuevo. Los intentos históricos de mejorar el rendimiento de los soldados, desde las anfetaminas en la Segunda Guerra Mundial hasta las investigaciones más recientes sobre el aumento cognitivo y físico, prepararon el terreno para la integración de la tecnología CRISPR. El atractivo de crear "supersoldados" con mayor fuerza, resistencia y capacidades cognitivas es convincente, pero plantea una miríada de dilemas éticos. La posibilidad de diseñar seres humanos para la guerra desafía nuestra comprensión fundamental de lo que significa ser humano y plantea profundas cuestiones morales sobre hasta qué punto debemos alterar nuestra biología.

A lo largo de este análisis, también hemos examinado los desafíos técnicos y éticos que acompañan el uso de CRISPR en contextos militares. La precisión de la tecnología CRISPR, si bien es notable, no está exenta de riesgos. Los efectos no deseados, en los que se alteran partes no deseadas del genoma, plantean importantes problemas de seguridad. Además, no se pueden subestimar las implicaciones éticas de crear soldados modificados genéticamente. El potencial de mal uso, coerción y violación de los derechos individuales son consideraciones serias que deben abordarse.

Si analizamos el panorama geopolítico, resulta evidente que el uso de CRISPR en la guerra podría desencadenar una nueva carrera armamentista. Los países que compiten por la superioridad en materia de mejoras genéticas pueden invertir cuantiosas cantidades en esta tecnología, lo que conduciría a una escalada de las tensiones militares. La ausencia de normas internacionales integrales que regulen las modificaciones genéticas en la guerra exacerba estas preocupaciones, lo que pone de relieve la necesidad de políticas sólidas y de supervisión.

La integración de la IA en la optimización de los rasgos genéticos introduce otra capa de complejidad. Si bien la IA puede mejorar la eficiencia y precisión de las modificaciones genéticas, también plantea riesgos para la autonomía humana. La posibilidad de que la IA dicte opciones reproductivas y priorice ciertos rasgos sobre otros amenaza con socavar la diversidad genética y las libertades individuales. Esta intersección de la IA y la ingeniería genética exige un examen cuidadoso de los límites éticos y las repercusiones sociales de estas tecnologías.

Si se consideran las repercusiones sociales más amplias, la división entre individuos genéticamente optimizados y aquellos considerados "imperfectos" refleja las desigualdades sociales existentes. Esta división podría conducir a una mayor discriminación, malestar social y resistencia contra los sistemas opresivos. El precedente histórico de la eugenesia sirve como una clara advertencia de los peligros de luchar por una población "perfecta", recordándonos las atrocidades que pueden surgir de tales actividades.

Al concluir estas reflexiones, resulta evidente que la tecnología CRISPR es tan prometedora como compleja. Los beneficios potenciales en el ámbito de la salud y la medicina son inmensos, pero su aplicación en la guerra exige un análisis minucioso y consideraciones éticas. El futuro de la tecnología CRISPR en contextos militares dependerá de nuestra capacidad para sortear estas complejidades y desarrollar marcos que garanticen su uso responsable. Este recorrido por las posibilidades y los peligros de la ingeniería genética en la guerra subraya la necesidad de estar alerta, de mantener la integridad ética y de comprometernos a preservar nuestra humanidad compartida.

Al mirar hacia el futuro de la tecnología CRISPR en la guerra, nos encontramos en una encrucijada en la que se cruzan la tecnología y la ética. Los avances que hemos analizado a lo largo de este libro pintan un panorama de posibilidades increíbles y riesgos profundos. La capacidad de CRISPR para editar genes con precisión abre oportunidades sin precedentes para mejorar las capacidades humanas, pero también plantea importantes dilemas éticos y morales.

Una de las preocupaciones más acuciantes es el potencial uso indebido. Si bien la tecnología CRISPR puede aprovecharse para mejorar la humanidad, su aplicación en contextos militares plantea el espectro de una carrera armamentista centrada no en armas nucleares, sino en soldados genéticamente mejorados. La historia proporciona abundantes advertencias sobre los peligros de tales actividades. Por ejemplo, el movimiento eugenésico de principios del siglo XX, aunque basado en una ciencia defectuosa, condujo a abusos generalizados de los derechos humanos. Este precedente histórico subraya la necesidad de pautas éticas estrictas y regulaciones internacionales sólidas para regular el uso de la edición genética en el ámbito militar.

Además, no se puede exagerar la posibilidad de que se produzcan consecuencias no deseadas. Las modificaciones genéticas que parecen beneficiosas a corto plazo pueden tener efectos imprevistos a largo plazo. La complejidad de la genética humana implica que los cambios destinados a mejorar determinados rasgos pueden introducir inadvertidamente nuevas vulnerabilidades o problemas de salud. Por ejemplo, los intentos de aumentar la fuerza física o las capacidades cognitivas pueden tener efectos secundarios fisiológicos o psicológicos imprevistos, lo que complica aún más el panorama ético.

Además, las implicaciones sociales del despliegue de soldados mejorados con CRISPR son profundas. Estos avances podrían exacerbar las desigualdades existentes y crear nuevas formas de discriminación. En un mundo en el que las mejoras genéticas se conviertan en una medida de poderío militar, las naciones con capacidades CRISPR avanzadas podrían dominar a las que no las tienen, lo que conduciría a una inestabilidad geopolítica. Este escenario exige una consideración cuidadosa de cómo mantener un equilibrio de poder y garantizar que estas tecnologías no profundicen las divisiones globales.

La promesa de CRISPR no está exenta de aspectos positivos. Su potencial para erradicar enfermedades genéticas y mejorar la salud humana es un testimonio de su poder. Sin embargo, al considerar su aplicación en la guerra, debemos proceder con cautela. Las cuestiones éticas que plantea exigen una deliberación exhaustiva y reflexiva. Como sociedad, debemos lidiar con lo que significa ser humano y hasta dónde estamos dispuestos a llegar en nuestra búsqueda de mejoras.

En última instancia, el futuro de CRISPR en la guerra dependerá de las decisiones que tomemos hoy. Será necesario un esfuerzo colectivo de científicos, responsables de políticas, especialistas en ética y el público en general para transitar por este terreno complejo. El camino que elijamos determinará no solo la naturaleza de los conflictos futuros, sino también la esencia de la humanidad misma. A medida que avanzamos, debemos esforzarnos por aprovechar el potencial de CRISPR de manera responsable, garantizando que su uso en la guerra no comprometa nuestros estándares éticos ni los valores fundamentales de la humanidad.

Nuestro recorrido por las posibilidades y los peligros de CRISPR en la guerra nos ha llevado a un momento crucial. Las decisiones que tomemos ahora repercutirán en las generaciones venideras, influyendo no solo en el futuro de la tecnología militar, sino en la estructura misma de la sociedad humana. Al concluir esta exploración, debemos llevar adelante las lecciones aprendidas y continuar el diálogo sobre cómo integrar de manera ética y eficaz una tecnología tan poderosa en nuestro mundo.

A medida que hemos explorado las numerosas dimensiones de la tecnología CRISPR y su potencial para revolucionar la guerra, las implicaciones se extienden mucho más allá del campo de batalla. Esta tecnología toca la esencia misma de lo que significa ser humano y la estructura de nuestras sociedades. A la luz de estas profundas implicaciones, es imperativo que nosotros, como comunidad global, tomemos medidas decisivas y reflexivas para abordar los desafíos éticos, científicos y sociales que presenta la ingeniería genética en contextos militares.

Los responsables de las políticas están a la vanguardia de esta tarea crucial. Deben elaborar normas que garanticen el uso responsable de la tecnología CRISPR y eviten su uso indebido. Las leyes internacionales actuales, como la Convención sobre Armas Biológicas, no abordan explícitamente el uso de la modificación genética en la guerra, lo que crea un vacío regulatorio que requiere atención urgente. Al establecer directrices y marcos claros, los responsables de las políticas pueden ayudar a prevenir una carrera armamentista desenfrenada alimentada por las mejoras genéticas y garantizar que las aplicaciones militares de CRISPR se ajusten a los estándares éticos. El potencial de uso indebido es significativo y, sin una supervisión estricta, las consecuencias podrían ser nefastas.

Los científicos también tienen un papel fundamental que desempeñar. La comunidad de investigadores debe priorizar la transparencia y las consideraciones éticas en su trabajo. Esto incluye una revisión rigurosa por pares y la difusión pública de los hallazgos para fomentar un diálogo informado sobre las capacidades y limitaciones de la tecnología CRISPR. Los esfuerzos de colaboración entre científicos, especialistas en ética y responsables de las políticas pueden ayudar a desarrollar salvaguardas sólidas que aborden tanto los beneficios potenciales como los dilemas éticos asociados con la ingeniería genética. Los precedentes históricos, como el uso indebido de la eugenesia, resaltan la importancia de mantener un enfoque vigilante y ético ante los avances científicos.

El público también debe participar en esta conversación. La opinión pública y los valores sociales influirán significativamente en la dirección y la aceptación de las tecnologías genéticas. Las iniciativas educativas son esenciales para dotar a la gente de los conocimientos necesarios para comprender y evaluar críticamente las implicaciones de CRISPR. La representación en los medios de comunicación desempeña un papel crucial en la formación de la percepción pública; por lo tanto, es vital que la información difundida sea precisa, equilibrada y libre de sensacionalismo. Al fomentar un público bien informado, podemos cultivar una sociedad capaz de tomar decisiones meditadas sobre el futuro de la ingeniería genética.

Además, la preservación de la diversidad genética es una piedra angular de nuestra humanidad. Ahora que estamos a punto de alterar potencialmente el genoma humano, es fundamental recordar las lecciones de la historia y el valor intrínseco de la diversidad. La búsqueda de una población "perfecta" puede llevar a la erosión de los derechos humanos y las libertades individuales, como se vio en las atrocidades cometidas en el pasado en nombre de la eugenesia. Debemos esforzarnos por proteger la diversidad genética que nos hace resistentes y únicos.

En definitiva, el futuro de la tecnología CRISPR en la guerra no está predeterminado. Si tomamos medidas proactivas y colaborativas, podemos orientar su desarrollo en una dirección que beneficie a la humanidad en su conjunto. La convergencia de las políticas, la ciencia y la participación pública será esencial para sortear este panorama complejo. Juntos, podemos garantizar que el uso de CRISPR en contextos militares esté guiado por principios éticos y un compromiso con la preservación de la dignidad humana.

Al reflexionar sobre estos puntos, resulta evidente que nuestras acciones colectivas de hoy determinarán el futuro de la ingeniería genética. Es nuestra responsabilidad garantizar que esta poderosa tecnología se utilice para mejorar, en lugar de disminuir, la experiencia humana.

Fuentes

Estas fuentes han sido fundamentales para explorar las implicaciones multifacéticas de la tecnología CRISPR y su posible aplicación en la creación de soldados genéticamente mejorados. Ofrecen una visión integral de los avances científicos, las consideraciones éticas y los desafíos de seguridad asociados con esta poderosa tecnología.

1. Ratcliffe, J. (2020). "Los súper soldados de China: una amenaza para la seguridad global". Wall Street Journal. Recuperado de periódico WSJ
2. South China Morning Post. (2023). "El equipo chino que está detrás de un experimento genético animal extremo dice que podría conducir a la creación de súper soldados que sobrevivan". Recuperado de SCM
3. NBC News. (2020). "China ha realizado pruebas en humanos para crear súper soldados mejorados biológicamente". Recuperado de Noticias de la NBC
4. Kania, E., y VornDick, W. (2019). "La biotecnología como arma: cómo se prepara el ejército chino para un 'nuevo dominio de la guerra'". Recuperado de Defense One
5. Singer, PW y Cole, A. (2019). "Conectados para la guerra: la revolución robótica y el conflicto en el siglo XXI". Penguin Press.
6. Garreau, J. (2005). "Evolución radical: la promesa y el peligro de mejorar nuestras mentes, nuestros cuerpos y lo que significa ser humano". Doubleday.
7. Centro para una Nueva Seguridad Estadounidense (2017). "CRISPR y seguridad nacional: amenazas y oportunidades". Recuperado de CNAS
8. Scientific American. (2017). "El futuro de CRISPR: editando lo invisible". Recuperado de Scientific American
9. Departamento de Defensa de Estados Unidos (2020). "Iniciativas biotecnológicas de DARPA". Recuperado de DARPA

10. Los Foros de Forteana. (2023). Discusiones sobre mejoras genéticas y aplicaciones militares. Recuperado de Foros de Forteana
11. Wynn, C. (2018). "Las implicaciones de la ingeniería genética en la guerra moderna". Revista de ética militar.
12. Maron, DF (2017). "El jefe de biotecnología de DARPA dice que 2017 nos dejará boquiabiertos". Scientific American. Recuperado de Scientific American
13. Departamento de Asuntos de Veteranos de los Estados Unidos (2015). "PTSD in Iraq and Afghanistan Veterans" (El trastorno de estrés postraumático en los veteranos de Irak y Afganistán). Recuperado de VA Public Health
14. Heridas invisibles de la guerra: lesiones psicológicas y cognitivas, sus consecuencias y servicios para ayudar a la recuperación. (2008). RAND Corporation.
15. Reisman, M. (2016). "Tratamiento del TEPT para veteranos: qué funciona, qué es nuevo y qué viene después". Farmacia y Terapéutica, 41(10), 623.
16. Dursa, EK, et al. (2014). "Prevalencia de un resultado positivo en la prueba de detección de TEPT entre veteranos de la era OEF/OIF y OEF/OIF en una gran cohorte poblacional". Journal of Traumatic Stress, 27(5), 542.
17. Boeke, JD, Church, G., Hessel, A., Kelley, NJ (2016). "Proyecto Genoma: un gran desafío que utiliza síntesis, edición genética y otras tecnologías para comprender, diseñar y probar sistemas vivos". Recuperado de Engineering Biology Center
18. Yong, E. (2017). "Ahora que podemos leer los genomas, ¿podemos escribirlos?". The Atlantic. Recuperado de The Atlantic
19. Bielitzki, J., y Garreau, J. (2005). "Perfeccionando al ser humano". Recuperado de Liceo
20. Tanielian, T., y Jaycox, LH (2008). "Heridas invisibles de la guerra: lesiones psicológicas y cognitivas, sus consecuencias y servicios para ayudar a la recuperación". RAND Corporation.
21. BBC News. (2021). "Bebés modificados genéticamente en China: ¿Quién es He Jiankui?". Recuperado de BBC
22. Universidad de Duke. "Ética y política: CRISPR y edición genética". Recuperado de Universidad de Duke

23. Futurismo. "Un científico modifica unos supersoldados modificados genéticamente". Recuperado de <u>Futurismo</u>
24. RAND Corporation. (2021). "Edición genética y seguridad nacional: riesgos y oportunidades". Recuperado de <u>RAND</u>
25. The Washington Quarterly. (2020). "Edición genética y seguridad: riesgos, supervisión y gobernanza". Recuperado de <u>Tandfonline</u>
26. ResearchGate. (2021). "De bebés CRISPR a súper soldados: desafíos y amenazas de seguridad que plantea CRISPR". Recuperado de <u>Puerta de investigación</u>
27. Universidad Central de Carolina del Norte. "Implicaciones legales y éticas de la tecnología CRISPR". Recuperado de <u>Unidad de Cuidados Intensivos Nacionales (UCN)</u>
28. Fundación Synergia. "Transhumanismo y supersoldados genéticos". Recuperado de <u>Fundación Sinergia</u>

www.ingramcontent.com/pod-product-compliance
Lightning Source LLC
Chambersburg PA
CBHW052251220526
45471CB00001B/280